미생물의
전쟁과 사랑

한국과학기술한림원

- 과학기술에 전문적 경륜과 식견을 가진 석학들을 회원으로 엄선, 각 부문별 전문성을 효율적으로 활용함으로써 국가 과학기술의 진흥과 창달에 기여하기 위해 1994년에 설립되었습니다.
- 2005년 기초과학연구진흥법 제11조(한국과학기술한림원의 설립 등)에 의거 법정기구화되었습니다.
- 독립성, 자율성 및 전문성을 바탕으로 하는 순수 민간 과학아카데미로, 편견 없는 대정부 정책자문을 통해 올바른 과학기술정책의 수립을 유도하고 있으며, 범부처적 국가 과학기술정책에 대한 자문과 건의를 통한 과학기술발전의 장기적 비전을 제시하고 있습니다.
- 우리나라의 과학기술 선진국 진입을 위한 기초 과학기술 진흥사업을 수행하고 있으며, 외국 한림원 및 과학기술 국제기구 등과의 학술교류를 통해 과학기술 민간외교의 중심체 역할을 담당하고 있습니다.

미생물의 전쟁과 사랑

1판 1쇄 펴냄 | 2020년 11월 25일
1판 2쇄 펴냄 | 2021년 12월 20일

지은이 | 서진호·김재한
발행인 | 김지영
발행처 | 자유아카데미
등록 | 제 406-2003-017호, 1980. 7. 12

주소 | 경기도 파주시 회동길 37-42 파주출판도시
전화 | 031-955-1321
팩스 | 031-955-1322
홈페이지 | www.freeaca.com
전자우편 | main@freeaca.com(대표)
editor@freeaca.com(편집)
crm@freeaca.com(영업)

ISBN 979-11-5808-289-5 93470

한국과학기술한림원 『석학, 과학기술을 말하다』 시리즈 ㊱

미생물의 전쟁과 사랑

서진호 · 김재한 지음

자유아카데미

서문

미생물과 함께 하는 아름다운 여행

최근 넘쳐나는 유산균에 대한 광고를 보면서 미생물에 대한 인식이 "미생물은 나쁜 놈이 아니라 좋은 놈"으로 바뀐 것에 안도합니다. 그러나 한편으로는 그만큼 잘못되거나 과장된 정보가 여과없이 전달되는 것을 보면서 "미생물을 안다고 남용하지 말고, 모른다고 오용하지 말자"라고 외치고 싶은 심정입니다. 그래서 어느 순간 방송을 보다가, 미생물에 대한 유익한 정보를 정확히 그리고 재미있게 전달하고자 이 책을 쓰게 되었습니다.

인류는 미생물의 존재를 알기 전부터 미생물을 활용해 왔습니다. 예로부터 빵, 술, 발효유, 김치 등 다양한 발효식품을 만들어 우리의 식탁을 풍성하게 하였지요. 동시에 병원성 미생물의 침입으로 엄청난 피해를 보기도 하였습니다. 14세기 유럽에서 창궐한 흑사병은 유럽 인구의 3분의 1의 생명을 앗아갈 정도로 참혹한 재앙이었습니다. 인간과 미생물의 전쟁에서 병균은 항상 승자였고, 패배자인 인간은 많은 희생을 치룰 수밖에 없었습니다. 그러나 20세기에 이루어진 일련의 과학적 성과로 인간은 병균을 제압할 무기를 가지게 되었고, 이로써 미생물과의 전쟁에서 우위를 점할 수 있게 되었습니다. 즉, 현미경의 발견으로 미생물의 존재를 알게 되었고, 순수배양기술로 미생물 하나하나를 대량 배양할 수 있는 기술을 갖게 되었습니다. 백신을 생활에 도입하여 우리 몸을 미리 훈련시켰고, 미생물을 제압할 수 있는 비밀병기인 항생제를 발견하고, 그것을 활용하게 되면서 인간은 미생물과의 전쟁에서 승리의 찬가를 부를 수 있게 되었습니다.

과학의 발전으로 우리 몸에는 인간 세포보다도 많은 미생물이 존재하며, 이 미생물들이 우리의 건강에 큰 영향을 끼친다는 사실을 알게 되었습니다. 또한 장(intestine)에는 하늘의 별보다도 더 많은 미생물이 살고 있으며, 이들과의 관계가 우리의 건강을 유지하는 핵심 요소임을 알게 되었습니다. "속이 편하다" 또는 "속이 더부룩하다"라는 말은 바로 장에 있는 미생물 집단이 우리와 평화체제를 구축하고 있는지, 아니면 전쟁 상태에 있는지를 가늠하는 징후라는 것을 밝혔습니다. 이와 같이 장내 미생물에 대한 역할이 하나둘 밝혀지고 있습니다. 이들 미생물은 더이상 퇴치해야 할 생명체가 아니라 우리 몸과 서로 이야기를 하며(crosstalk) 상호관계를 가지는 함께 살아가야 하는 동반자임을 인식하게 되었습니다.

이 책은 '미생물, 애증의 파트너', '미생물과의 전쟁', '미생물과의 사랑'으로 구성되어 있습니다. 1장 '미생물, 애증의 파트너'에서는 생명체로서의 미생물을 자세히 설명하였습니다. COVID-19 팬데믹 상황에서 많은 사람들이 생명체인 미생물과 바이러스를 혼동하는 것을 보면서 이를 정확히 구분하고자 생명현상에 대하여 자세히 설명하였습니다. 우리와 같이 지내온 미생물이기에 미생물에 대한 분류도 기존의 학술적인 분류가 아닌 인간과의 관계를 바탕으로 나누어보았습니다. 나쁜 놈(병균), 좋은 놈(식품미생물), 이상한 놈(장내 미생물), 말 잘 듣는 놈(산업용 미생물)이 바로 그것입니다.

2장 '미생물과의 전쟁'에서는 미생물과의 전쟁에서 병원미생물을 퇴치하는 인간의 무기에 관하여 설명하였습니다. 미생물과의 전쟁에서 사용한 화학살균제, 백신, 항생제 등의 개발과 그 의미를 이야기하여 보았습니다. 미생물과의 전쟁에서 축적한 경험과 지혜는 현재 진행 중인 COVID-19와 같은 바이러스 퇴치에도 사용되고 있습니다.

마지막 장에서는 요즘 회자되고 있는 유산균과 장내 미생물이 우리 건강에 미치는 효과를 과학적 사실에 입각하여 정리하여 보았습니다. 좋은 미생물로 맛있는 발효식품을 만드는 것은 오래전부터 알고 있었지만, 미생물이 우리의 건강을 유지하고 나아가서는 질병을 치료할 수 있음이 밝혀졌습니다. 미생물의 역할에 새로운 의미가 부여된 것입니다. '개똥도 약에 쓸려면 없다'라는 속담이 있는데, 개똥이 아니라 사람 똥이 질병치료의 약으로 사용될 수 있다는 것은 매우 흥미로운 사실입니다.

미생물은 작은(微) 생물체이면서 동시에 아름다운(美) 생물체입니다. 미생물은 오랫동안 살아 남았기에 지구상에서 가장 강한 생명체이며, 지구 어디에서

나 살고 있기에 진정한 지구의 주인공입니다. 건강하고, 쾌적하고, 풍성한 생활을 누릴 수 있도록 도와주는 미생물과 함께 아름다운 여행을 즐기길 바랍니다.

이 책의 출판을 지원해 주신 한국과학기술한림원에게 감사를 드립니다. 이 책의 성공적인 발간을 위하여 수고해 주신 자유아카데미의 임직원에게도 감사의 말씀을 드립니다.

2020 년 10월

서진호, 김재한 드림.

차례

1장 미생물, 애증의 파트너

2장 미생물과의 전쟁

3장 미생물과의 사랑

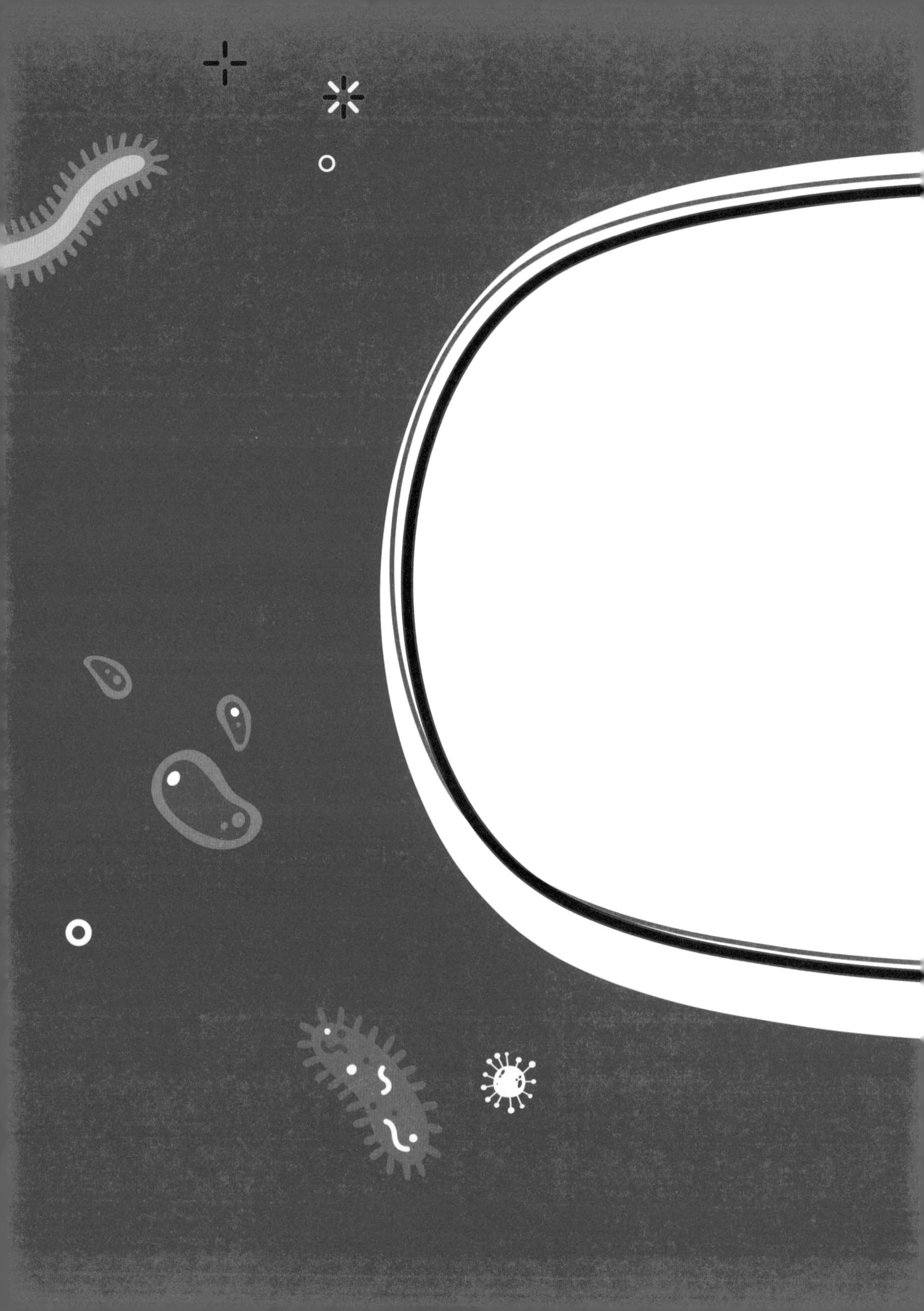

1장

미생물, 애증의 파트너

1

작은 생명체, 미생물

어린 시절 친구들과 이런 질문을 주고받곤 하였습니다. "우리가 사는 지구에서 가장 센 생물은 뭐일까?" 또 "지구를 지키는 것은 누구일까?"라는 맹랑한 질문들 말입니다. "슈파~~슈파 슈파 슈파~"를 외치며 나타나는 독수리 5형제일까요? 아니면 국회의사당 지붕 밑에 숨어 있다는 소문이 있는 태권 V일까요?

지상 최강의 생물에 관한 논쟁은 고전적인 사자와 호랑이의 대결만이 아닙니다. 지금 유튜브만 보아도 '지상에서 가장 000한 생물' 시리즈로 차고 넘치게 많습니다. 생물과 생명을 연구하고 공부한 저에게 이런 것을 질문하는 어른 친구들도 아직 있답니다. 그리고 생명을 연구하는 연구자들 사이에서도 비슷한 논쟁은 계속 있습니다. "지구상의 생명체 중 가장 끝까지 살아남는 생명체는 무엇일까?" 또 "가장 근원이 되는 생명체는 무엇일까?" 이런 질문은 생물학의 중요한 연구 테마이기도 합니다.

지구의 생명체들은 서로를 죽이기 위해, 아니면 자신이 최강자임을 주장하기 위해 생존하는 것은 아닌 것 같습니다. 저도 모든 생명의 세계를 다 알지는 못합니다. 하지만 지구상의 생명체에서 가장 센 놈은 존재한다고 생각하지 않습니다. 단지 주어진 환경에서 최선을 다하여 살아갈 뿐입니다. 요즘 말로 '존버'하고 있다고나 할까요. 그리고 그 '존버'의 결과가 진화입니다. 강해서 살아남는 것이 아니라 살아남아서 강한 것이고 진화한 것입니다. 그러한 면에서 지금을 사는 모든 생명체는 나름 그 환경에서의 최강자라고 할 만합니다.

하지만 지구상의 생명체들이 다 죽는 상황에서도 가장 끝까지 살아남아 다시 지구에 생명체들을 퍼트릴 수 있는 것을 찾는다면, 그건 아마 미생물일 겁니다. 핵전쟁이 일어나도 살아남을 것으로 믿는 바퀴벌레보다도, 최근에 최강자로 떠오르고 있는 완보동물(water bear)보다도 더 지구상 최후의 생명체가 될 것입니다. 미생물은 지구 어디에나 있습니다. 이들은 모든 환경에서 다른 모든 생명체와 더불어 살고 있습니다. 개미들의 뱃속에서도 살고 있고, 넓은 바닷속을 헤엄쳐 다니는 물고기들도 미생물과 같이 바다를 헤엄쳐 돌아다니고 있습니다. 동물뿐만이 아닙니다. 식물들도 미생물 때문에 아프기도 하고 때로는 미생물의 도움을 받으며 생활하고 있습니다. 육지에서뿐만 아닙니다. 미생물은 바닷속 해초에도 붙어서 그곳을 서식지로 삼아 살고 있습니다. 미생물은 다른 생물들이 생존할 것으로 생각조차 하지 못하는 곳에도 존재합니다. 저

깊은 고압의 심해, 어둡고 추운 저온의 세계, 화산이 분출하는 고온의 환경, 일반적인 생명체의 몸에서 물을 짜내는 높은 삼투압의 세계 등 우리가 생각할 수 없는 곳에서도 미생물을 찾을 수 있습니다. 염산(HCl)으로 덮여 있는 우리의 위 속에도 미생물들이 살고 있습니다. 그리고 그 미생물들은 지구와 더불어 살고 있습니다. 우리가 알고 있는 모든 생명체가 죽게 되어도 아마 미생물은 끝까지 살아남을 것입니다. 그리고 지구를 또 다른 생명이 가득찬 새로운 세계로 만들 것입니다. 그렇기 때문에 지구 최강의 생물은, 아니 지구 최후의, 그리고 최초의 생명체는 미생물이라고 해도 될 것입니다. 이러한 면에서 지구를 지키는 생명체는 미생물이라고 생각합니다.

| 미생물: 살아 있는 작은 것 |

우리는 무엇을 미생물이라고 할까요? 보통 아주 작아서 사람들의 눈에 보이지 않는 생명체를 미생물이라고 하는 것으로 알고 있습니다. 맞습니다. 미생물이라는 단어는 영어(사실 라틴어에서 시작되었다고 합니다)인 'microorganism'을 번역한 말입니다. 'Micro'는 '작다'는 뜻이고 'organism'은 '생물 혹은 생명체'를 뜻하는 말이니 옳은 번역입니다. 사실 미생물은 우리나라 말이 아닙니다. 작다는 뜻의 '미(微)', 살아 있다는 뜻의 '생(生)' 그리고 어떤 것을 뜻하는 '물(物)'로 일본에서 만들어진 단어입니다. 한국, 중국, 일본은 한자를 공유하고 있어 세 나라는 'Microorganism'을 '미생물'이라는 단어로 번역해 사용합니다. 단지, 우리나라는 한자를 읽는 고유한 음이 있어 미생물로 쓰고 있을 뿐 우리나라 말은 아닙니다.

그 이름에서 알 수 있듯이 미생물은 세 가지 조건을 가지고 있습니다. 첫째, 미생물은 '물체'입니다. 둘째, 미생물은 '살아 있는', 즉 '생명 활동'을 합니다. 셋째, 미생물은 '작'습니다. 뭐…… 너무 당연한 이야기인가요? 그렇습니다. 너무 당연한 이야기입니다. 하지만 과학자들은 당연한 것을 연구하고 당연한 것을 좀 복잡하게 만드는 아주 재미있는 재주가 있습니다. 과학자들이 괴짜라서 그런 걸까요? 아닙니다……라고 과학자인 저는 강력하게 주장합니다. 과학은 우리가 너무나 당연하게 생각하는 것을 다시 한번 의심하고, 당연한 것으로부터 당연하지 않은 것을 추론하고, 우리가 모르는 것을 이해하는 것이 과학입니다. 그래서 가장 기본이 되는 너무 당연한 것을 가장 엄밀하게 공부하고 있습니다. 자, 미생물의 세 가지 조건을 하나하나 살펴보도록 하겠습니다.

우리가 우주에서, 심해에서 혹은 깊은 땅속에서 무엇인가를 발견하였을 때 우리는 그것이 생물인지 아닌지를 어떠한 기준에서 판별할까요? '생물(生物)'이라는 단어를 나누어 보면 살아 있는, 생명이 있는(生) 물건(物件)이라는 의미를 가지는 단어입니다. 즉, 우리가 발견한 것이 생명 활동(生命活動)을 한다는 특징과 물질(物質)적 형태를 반드시 가지고 있어야 합니다.

| 미생물 그 첫 번째, 물질로서의 미생물 – 유기 화합물 |

미생물은 물질로 이루어져 있습니다. 우리가 자연과학에 관해 의견을 나눌 때 생물학의 기반이 되는 학문을 화학이라고 합니다. 미생물은 화학에서 정의한 원자와 분자들로 이루어진 물질로 구성되어 있습니다. 그 물질은 화학물질로서의 고유한 성질을 지니며 또한 우리가 화학물질로 인식할 수 있어야 합니다. 생물과 미생물은 화학물질로 이루어져 있기 때문에 생명체 안에서 일어나는 모든 반응은 화학물질 간의 반응인 화학 반응일 뿐입니다. 생명체 안에서 생성되고 소모되는 에너지도 화학 반응의 산물인 열에너지, 전기에너지, 빛에너지 등으로 우리가 알고 있는 열역학적인 법칙을 벗어나지 않습니다. 최소한 생물학이라는 학문의 범위 안에서는 그렇습니다. 그래서 생물학에서는 '기(氣)'나 정의되지 않은 '생체 에너지' 등은 아직 인정하고 있지 않습니다.

미생물은 형태를 이루고, 물질로 이루어져 있다고 하였습니다. 그렇기 때문에 화학 교과서의 주기율표상에 있는 물질로 만들어지지 않은 귀신이나 영혼은 생물로 인정하고 있지 않습니다. 전통적으로 귀신이 존재한다고 믿는 사람들도 많습니다. 귀신들이 와서 음식을 먹고 간다고 하고, 때로는 귀신을 보았다는 경험담도 듣습니다. 하지만 우리는 귀신을 생물이라고 생각하지 않습니다. 우리는 아직 귀신과 영혼을 구성하는 물질을 알지 못하기 때문입니다. 혹시 영혼의 구성물질을 알게 된다면 미생물의 영혼을 찾을 수 있을까요?

컴퓨터 바이러스도 생물의 생명과 유사한 활동을 합니다. 컴퓨터 바이러스 프로그램은 자기 자신을 복제하는 데 필요한 정보를 스스로 그 프로그램 안에 가지고 있습니다. 컴퓨터 바이러스는 하나의 컴퓨터 안에서 복제를 거듭해 개체수를 늘리고 통신망을 통해 다른 곳으로 이동합니다. 생명체들도 스스로(self)를 구성하고, 현실 세계에서 존재하는 데 필요한 정보를 유전자라는 화학물질 형태로 개체 스스로가 지니고 있습니다. 그리고 그 정보를 복제해 개체 수를 늘리며 퍼져 나가고 있지요. 하지만 이와 유사한 활동을 하는 컴퓨터 바이러스는 우리의 현실 속에서 현존하는 화학물질로 구성되어 있지 않기 때문에 생물(生物)이라고 부르지는 않습니다. 아직은 컴퓨터의 정보 세계와 우리들의 물질세계가 구성하는 물질이 다릅니다. 그런데 만일 인공지능 컴퓨터를 탑재한 로봇이 계속 자신과 동일한 로봇을 스스로 만들어 낼 수 있다면 그것은 또 다른 형태의 생명의 탄생이라고 볼 수도 있지 않을까요?

미생물을 이루는 물질은 무엇일까요? 미생물과 생물을 이루는 물질을 화학물질 중 유기물질 혹은 유기물이라고 합니다. 음…… 한번 더 나아가 질문을 해보기로 하지요. 그러면 유기물은 무엇일까요? 유기물 혹은 유기 화합물은 생명체가 화학 반응을 통해 합성한 물질을 말합니다. 뭔가 질문과 답이 빙빙 도는 것 같은 느낌이지요? 네, 그렇습니다. 그 이유는 생명체의 기원에 관한 논쟁에서 시작됩니다. 중세시대의 과학자들은 생명의 기원에 대한 주제로 논쟁을 하였습니다. 생명체는 자연에서 스스로 자연스럽게 생성된다는 '자연발생설(Spontaneous generation theory)'과 생물은 생물에서만 만들어질 수 있다는 '생물속생설(Biogenesis)'이 팽팽한 대립을 하고 있었습니다.

처음에는 자연발생설이 우세하였습니다. 중세 가톨릭의 교리가 진리로 받아들여지던 시절 아무래도 생물은 자연에서 하나님의 뜻으로 만들어진다고 이야기하는 것이 조금 더 쉽게 받아들여졌습니다. 그리고 자연발생설은 모든 학문의 아버지, 과학의 시조라 불리는 아리스토텔레스로부터 시작되었습니다. 그 권위를 부정하기에는 많은 시간과 노력이 필요했겠지요. 그리고 아무리 조심해도 어디서 나타나는지 모를 날파리들은 저 또한 가끔 '자연발생설이 맞는 것이 아닐까?'라고 생각하기에 충분하였습니다. 하지만 여러 과학적인 실험과 논쟁 끝에 생물속생설이 승리하였습니다. 우리가 잘 알고 있는 프랑스의 위대한 미생물학자 루이 파스퇴르(Louis Pasteur)가 U자형으로 휘어 있는 플라스크를 이용한 실험으로 생물은 생물로부터만 만들어진다는 생물속생설을 증명하였습니다. 그렇습니다. 생물속생설로부터 생명체는 유기 화합물로 만들어져 있고 유기 화합물은 생명체가 합성한다는 것으로 확립되었습니다. 다시 한번 이야기하지만, 생명체는 화학 반응으로 만들어지는 화학물질로 이루어져 있습니다.

그러면 생명체는 모두 그리고 반드시 유기 화합물로부터 만들어질까요? 그건 아닙니다. 앗, 이건 또 무슨 이야기일까요?

| 유기물, 무기물 그리고 유기화학 |

유기물 혹은 유기화합물의 반대말은 무기물과 무기화합물이 맞습니다. 하지만 유기물이 지칭하는 것에는 학문에 따라 약간의 차이가 있습니다. 일단, 저는 미생물학을 연구하고 있으니 화학자들의 유기화합물에 대하여 먼저 이야기해보겠습니다. 화학에서는 유기물이라는 이야기보다 유기화합물 혹은 더 정확하게는 유기화학 반응 산물이라는 이야기를 많이 사용합니다. 화학에서 이야기하는 유기화학 혹은 유기화학물은 생물학자인 저희가 이야기하는 유기물과는 조금 다릅니다. 저도 유기화학을 대학교 때 배웠습니다만 그것을 잊고 우기다가 어느 화학자와 아침부터 격렬하게 싸웠답니다.

유기화학은 탄소가 들어가 있는, 탄소골격을 가지고 있는 분자를 화학반응으로 합성하는 것을 유기화학이라고 합니다. 초기 생물이 가지고 있는 물질들의 분자구조 및 그 합성 반응이 덜 규명되었을 때는 생물을 이루고 있는 물질이 탄소골격에 산소, 수소, 질소를 가지고 있다는 사실 정도 알고 있었기에 생물체를 이루고 있으며 생물체가 만들어 내는 화합물을 유기화학 반응물이고 해도 문제없었습니다. 하지만, 유기화학이 발전하고 대사과정에 관한 연구도 깊이 있게 진행되면서 두 분야는 각자 갈 길을 갑니다. 유기화학의 발전은 점차 새로운 물질 합성을 가능하게 하고 결국, 자연에는 존재하지 않는 물질의 합성까지 그 영역을 넓혀갑니다. 그리고 그 원료 물질로 탄소골격을 가지는 물질, 즉 석탄과 기름(oil)을 사용하기 시작합니다(주로 기름을 사용합니다).

생물학에서 유기물이란 점차 생물을 이루고 있는 물질 그리고 생물이 만드는 물질을 의미하기 시작하였고, 상대적으로 무기물은 생물이 아닌 이 지구가 만들어 내는 물질을 의미하게 됩니다. 그리고 유기물의 구조적 다양성 및 특이성은 일반 유기화학적 방법으로 합성할 수 없거나 아주 낮은 수율의 현실성 없는 합성만이 가능한 경우가 많아지고 있습니다. 실제로 가장 흔하고 기본적인 탄수화물인 포도당(glucose)도 완벽한 유기화학적 방법으로 합성하기는 매우 어렵습니다.

한 가지 더 있습니다. 지구상에 최초의 유기물이 생성된 것은 원시지구 대기 및 바다의 고온, 고압 환경에 번개 등의 고에너지가 작용하여 만들어졌다고 생각하고 있습니다. 1952년 캘리포니아 주립대학 버클리 캠퍼스(University of California, Berkeley)의 스탠리 밀러(Stanley Miller)가 밀러-유리 실험(Miller-Urey experiments)으로 유명한 실험을 수행하였습니다. 잘 알려진 실험이지요? 물(H_2O), 메탄(CH_4), 암모니아(NH_3), 수소(H_2), 이산화 탄소(CO_2)가 들어있는 플라스크를 고온고압으로 가열하고 전기 스파크를 주면, 원시 아미노산이 형성되는 것을 관찰하는 실험이었습니다.

참고로 이야기하자면, 지도교수인 해럴드 유리(Harold Urey)는 삼중수소를 이용한 동위연소 연구로 노벨상을 받은 물리화학자로 밀러(Stanley Miller)의 아이디어에 동의하지 않고 다른 연구주제를 권하였다고 합니다. 물론 밀러는 지도교수의 말을 듣지 않고 몰래 실험을 수행하여 증거를 제출하여 연구를 끌어갔고 결국 1954년 박사학위를 받게 됩니다. 그 이후 우리 생화학책에 영원히 남을 업적으로 기록되고 있습니다. 하지만 원시대기의 조성을 설정하는 것에는

지도교수인 유리의 영향 및 학설을 따랐다고 합니다.

아무튼 메탄(CH_4)과 암모니아(NH_3)는 생물이 하나도 존재하지 않았던 원시 지구에 존재하고 지금도 지구의 기본적인 화학작용으로 만들어진다고 합니다. 물론 생물이 하나도 없는 우주에도 존재합니다. 여기서 약간의 문제가 발생합니다. 메탄(CH_4)과 이산화 탄소(CO_2)는 원시대기에 존재한다고 생각할 정도로 지구에 원래부터 존재해온 화학 물질입니다. 즉, 무기물에 가까운 것이지요. 하지만…… 생명체가 이 두 화학 물질을 만들어 낼 수도 있습니다. 메탄(CH_4)을 만들어 내는 미생물도 있고, 산소 호흡을 하는 생명체의 최종 배출물은 이산화 탄소(CO_2)이기도 합니다. 그런데 사실 이 두 가지 화학 물질의 경우에는 미생물이 만들어 내는 것이라기보다는 미생물이 유기물을 분해하고 남은 최종 부산물에 해당됩니다. 즉, 합성하여 만든 것이 아닌 유기물 분해작용의 결과물이라고 할 수 있습니다.

그러면 암모니아(NH_3)는요? 암모니아(NH_3)는 좀 다릅니다. 암모니아는 유기물, 주로 아미노산의 분해 결과물로 생성됩니다. 미생물 중에는 공기 중의 질소(N_2)를 이용하여 암모니아(NH_3)를 만들 수 있는 미생물도 있습니다. 질소 고정화(nitrogen fixation)라는 생화학 반응입니다. 즉, 암모니아(NH_3)는 무기물처럼 지구가 만들어 놓기는 합니다만, 무기물(N_2)에서 미생물에 의해 합성되는 유기물이기도 합니다. 그런데…… 화학자에게 이 이야기했다가 욕을 먹었습니다. 암모니아가 유기물이야? 암모니아에는 탄소(C)가 없지 않냐고요. 음…… 유기화학물이 아니라는군요(뭔가…… 이런 멍청이가… 라는 눈빛을 받았습니다).

그렇다면 독일의 유명한 화학자 프리츠 하버(Fritz Haber)와 카를 보슈(Carl Bosch)가 1909년에 개발한 하버-보슈법(Harber-Bosch method)에 의해 대량생산이 가능해진 암모니아의 합성이 유기화학의 시작일까요? 음… 암모니아 합성이 인류의 농업혁명(비료 산업의 시작) 및 비극(폭약개발의 기초)이기는 하지만 최초의 합성 유기화학물은 아닙니다. 사실 논란의 여지가 없는 가장 작은 유기물은 요소(Urea, $CO(NH_3)_2$)라고 할 수 있습니다. 이산화 탄소의 탄소가 수소 대신에 암모니아를 양손에 잡고 있는 화학 물질입니다. 요소는 역시 독일의 유능한(하지만 다른 과학자보다는 조금 덜 알려진) 프리드리히 뵐러(Friedrich Wöhler)가 1828년에 시안화 은(silver cyanate)과 염화 암모늄(ammonium chloride)을 이용하여 합성에 성공합니다. 이것은 논란의 여지가 없는 유기화학의 시작입니다. 그리고 암모니아의 합성은 곧 화학공학의 시작임도 역시 논란의 여지가 없습니다.

프리드리히 뵐러(Friedrich Wöhler)는 사실 상당히 유능한 과학자입니다만 후대의 프리츠 하버(Fritz Haber)와 카를 보슈(Carl Bosch)보다는 조금 덜 유명했습니다. 아마 노벨상 덕이 아닐까 생각합니다. 재미있게도 프리츠 하버(Fritz Haber)만 1918년에 암모니아 합성법의 업적으로 혼자 노벨상을 탑니다. 혼자서요. 그러면 카를 보슈(Carl Bosch)는요? 역시 좀 늦었지만 프리드리히 베르기우스(Friedrich Bergius)와 함께 고압 화학반응의 연구에 대한 업적으로 노벨상을 수상하기는 합니다. 늦었지만 말입니다.

지구상에 있는 생물들이 생명 활동을 통해 만들어 낸 물질들을 유기물이라고 하였습니다. 그리고 지구에 원래 존재하고 있는 유기물을 제외한 나머지 물질, 즉 지구가 만들어 놓은 물질들은 무기물이라고 합니다. 우리가 알고 있는 지구의 생물체들은 탄소, 산소, 수소, 질소 원자를 이용하여 만들어져 있습니다. 생물들은 탄소 간의 연결을 기본 골격(backbone)으로 하는 탄수화물, 단백질, 지방 및 유전물질의 유기 화합물을 합성하고 이들을 이용해 생명체의 기본단위인 세포를 만듭니다. 그리고 세포 안에 물을 채워 생명체를 구성합니다.

탄소, 질소, 산소 및 수소는 하나의 원자들로 우주를 구성하는 기본 물질입니다. 따라서 이 원자들은 당연히 생명체를 구성하고 있는 유기 화합물 이외에 무기 화합물 형태로도 존재합니다. 탄소를 예로 들면 탄소 하나에 수소 네 개가 결합한 가장 단순한 메탄(CH_4), 탄소 하나에 산소 두 개가 결합한 이산화 탄소(CO_2) 등이 대표적인 무기 탄소입니다. 질소도 탄소와 마찬가지입니다. 하나의 질소에 세 개의 수소(탄소는 4개, 질소는 3개, 산소는 2개의 손을 가지고 있는 것은 알고 계시겠지요?)가 연결된 암모니아(NH_3)가 있습니다. 두 번째 조건인 미생물의 생명 활동에서 좀 더 자세히 이야기하겠지만, 미생물 중에는 이러한 무기 화합물을 유기 화합물로 전환하여 생존하는 종도 있습니다. 이러한 미생물은 이산화 탄소를 받아들여 탄수화물인 포도당으로 전환하거나 암모니아를 먹고 아미노산을 만들기도 합니다.

자, 이제 정리하여 좀 더 정확히 이야기해 볼까요? 미생물은 유기 화합물로 이루어져 있습니다. 그리고 유기 화합물은 생명체인 미생물만이 만들 수 있습니다. 하지만 일부 미생물은 유기 화합물뿐만 아니라 무기 화합물을 이용해서 유기 화합물을 합성할 수 있습니다. 즉, 무기 화합물도 미생물에 들어가면 유기 화합물로 전환되어 생물을 구성할 수 있습니다.

좀, 이야기가 딱딱했지요? 화학은 꼭 필요하고 중요한 학문이지만 좀 딱딱하니 재미가 없답니다. 이제 우리, 상상의 나래를 펼쳐보도록 하겠습니다. 논리적 직관력과 학문적 상상력은 좋은 과학자가 가져야 할 덕목입니다. 자, 이제 SF의 세계로 들어가 보겠습니다.

생명체를 만드는 물질이 꼭 탄소, 수소, 산소, 질소로 이루어질 필요는 없습니다. 지구의 생명체들은 지금 우리가 알고 있는 물질로 만들어져 있기 때문에 지구를 물을 기반으로 하는 탄소형 행성이라고 부릅니다. 하지만 우주는 넓고 다양한 환경을 가지고 있습니다. 탄소를 기본 등뼈로 사용하지 않고, 규소(Si)를 기본 등뼈로 사용하면서 물이 아닌 황화 수소를 사용하는 생명체가 존재할 수도 있습니다. 주기율표에서 규소와 황은 각각 탄소와 산소 바로 밑에 있어서 덩치가 더 크고(더 강한 결합을 할 수 있고), 탄소와 산소와 같은 결합을 할 수 있습니다. 저 우주 어디에, 혹은 지구의 땅속 깊은 곳에 탄소 골격이 아닌 규소형 생명체가 존재할지도 모를 일입니다.

또 다른 상상을 해봅시다. 태양과 같은 환경은 고열로 대부분의 물질이 원자로 분해되어 있으며 엄청난 에너지가 발생하고 있습니다. 혹시 이러한 곳에는 우리가 모르는 에너지로만 이루어진 생명이 존재할지도 모르겠습니다. 생명현상을 만드는 무엇인가가 우리가 아직 모르는 에너지의 구성물질로 이루어져 있다면 혹시 이러한 에너지 생명체도 존재하지 않을까요? 마치 영혼과 귀신을 받아들이고 있는 것처럼요.

| 미생물 그 두 번째, 살아 있는 미생물 – 생명현상 |

미생물은 살아 있습니다. 역시 너무나 당연한 이야기겠지요. 죽었으면 일단 생물이 아니니까요. 자, 그런데요…… 살아 있다는 것은 무엇을 보고, 무엇을 기준으로 살아 있다고 이야기해야 할까요? 생명이란 무엇일까요? 의외로 머리 아프고 어려운 문제입니다.

생명에 대한 정의는 법률적, 종교적, 과학적으로 매우 어려운 문제입니다. 생명도 절대적인 단어는 아닙니다. 생명, 살아 있음이 있다면 그 반대인 죽음 혹은 사망도 같이 존재합니다. 삶과 죽음은 그 어떠한 것보다 중요한 경계점이 됩니다. 철학적인 삶의 태도가 개인의 수행에서 종교의 범주로 넘어가는 것도 삶과 죽음에 대한 인식이라 하겠습니다. 종교는 현재 삶의 고통과 죽음 이후의 그 어떠한 것에 큰 의미를 두고 있습니다. 다시 말하면, 종교는 삶과 죽음을 기반으로 작동합니다. 개인을 넘어 사회에서는 어떨까요? 현대의 모든 사람은 사회에 소속되어 있고, 사회 시스템은 법률을 근간으로 이루어져 있습니다. 그리고 그 법률은 살아 있는 것, 즉 생명체를 보호하기 위해 생명체를 대상으로 생명체에 작용합니다. 우리 사회는 살아 있는 자들을 위한 시스템이며, 죽음을 통해 사회로부터 배세됩니다.

그러면 학문적으로는 어떨까요? 이 또한 매우 복잡해집니다. 사람을 대상으로 생각해 볼까요? 사람이 살아 있다는 것과 사람의 죽음을 어떻게 정의해야 하나요? 개체의 전제적인 죽음과 각 기관의 기능이 멈춰버리는 죽음 그리고 각 세포 단위의 죽음은 모두 생명현상이 정지하는 것을 뜻하지만 서로 다른 의미를 지닙니다. 세포 단위의 죽음을 인간의 죽음이라고 정의한다면 장기 이식은 불가능하게 되겠지요. 하지만 역설적으로 기관의 생명이 유지되고 있어야 장기 이식이 가능하게 됩니다. 하나의 개체 안에서 삶과 죽음이 동시에 존재하고 유지되는 기이한 현상을 맞이하게 되는 것이죠. 복잡할수록 기본에 충실하고 단순하게 가야 합니다. 우리는 지금 미생물의 생명에 관하여 이야기하고 있습니다. 미생물은 하나의 세포로 이루어져 있습니다. 자, 하나의 세포에서의 생명 활동을 이야기합시다. 음…… 역시 아주 작은 미시세계로 들어가면, 또 화학 이야기를 해야겠네요. 재미없어도 조금만 참아 보도록 합시다.

생명을 정의하려고 하는 노력은 인간의 역사 속에서 계속되어 왔습니다. 가장 최근에 정의된 것은 DNA 이중나선 구조의 발견으로 유명한 제임스 왓슨(James Watson)의 생명이론(Life theorem)이 대표적입니다. DNA는 복제(replication)하여 그 숫자를 늘려가고, 동시에 전사(transcription)되어 mRNA가 됩니다. mRNA는 번역(translation)되어 단백질(protein)이 되고 이 단백질이 모든 과정을 가능하게 한다는 것이 생명 이론입니다. 왓슨은 DNA 이중나선 구조의 발견과 더불어 이를 이용해 생명이라는 것이 무슨 일을 어떻게 하는지를 명쾌하게 설명하였고, 그 공로로 노벨상을 수상하게 됩니다.

저는 이것을 조금 더 단순화시켜 생명 활동을 다음의 두 가지 활동으로 이야기하려고 합니다. 생명 활동은 유전 작용(genetic activity)과 대사 작용(metabolic

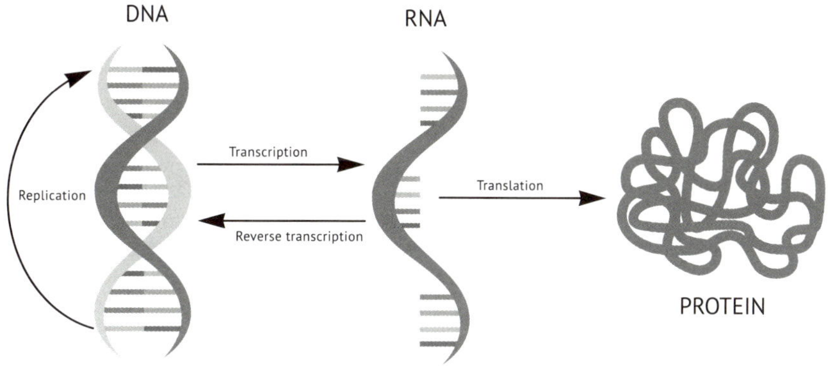

DNA는 복제하고 그 숫자를 늘려가는 동시에 전사되어 mRNA가 됩니다. mRNA는 번역되어 단백질이 됩니다.

activity)의 두 가지 기능이라고 생각합니다. 유전 작용은 생물학적 정보의 보존, 변환, 전달을 뜻하며, 대사 작용은 생물학적 정보가 현실에서 구현화되는 것이라고 이야기할 수 있습니다. 생명체는 유기 화학물질로 구성되어 있습니다. 따라서 생명체 자체의 생물학적 정보는 유기 화학물질로 저장되어 있습니다. 그리고 그 생물정보는 단백질, 지방, 탄수화물 등의 다양한 유기 화합물의 화학 반응을 통해 현실 세계에서 생명체로 구현됩니다. 생명의 신비로움은 저를 비롯한 모든 인간이 경외하고 있으며, 때로는 그 이상의 감정을 불러 일으킵니다. 가끔 저도 지구상의 생명체는 혹시 외계인에 의하여 조절되고 있는 것이 아닌가 하는 생각이 들 때도 있습니다. 하지만 지금까지 밝혀진 생명현상과 생물체의 현실 세계에서의 본질은 결국 화학물질과 그들의 화학 반응 이상은 아닙니다. 최소한 미생물학을 포함한 생물학의 범위 안에서는 그러합니다. 그리고 신비하게도 그 화학물질의 화학 작용을 이용하여 생물학적 정보를 창출하고 전달합니다. 음…… 생명의 신비는 정보기술인 IT의 유기 화학적 발현인가요?

"유전 작용은 생물정보의 이기적인 활동이다"

유전 작용은 생물의 생명 작용에 관한 패러다임을 바꾸어 놓았습니다. 이제 미생물로 바꾸어 이야기해 봅시다. 미생물도 물질을 이용해 자기 자신을 구성해야 합니다. 그리고 주변 환경에 맞춰 그 물질들을 조작하고, 조절하며, 관리해야 합니다. 또한 자신과 동일한 개체를 만들어 증식하기도 합니다. 이러한 모든 생명 활동은 그냥 무작위적으로 이루어지는 것이 아닌 일정한 규칙 안에서 사전에 결정된 설계를 바탕으로 이루어집니다. 그리고 사전에 결정된 설계는 미생물 자신이 이미 가지고 있습니다. 미생물이 가지고 있는 설계를 유전정보라고 하고, 생명체의 설계와 조작하는 방법에 관한 모든 '정보'는 유전자라고 하는 유기 화학물질에 저장됩니다. 이로써 미생물은 자기 자신의 생물학적 정보의 물리적 수용체이면서 전달체의 역할을 하게 됩니다. 다시 이야기하면, 하나의 생명의 본질은 생물학적 '정보'인 유전정보이며 생명체는 이러한 생물학적 정보의 현실에서의 구현화라고 이야기할 수도 있습니다. 이러한 접근은 생명의 본질을 우리의 현실을 이루고 있는 원자와 분자의 물리세계에서 '정보'라는 새로운 세계로의 확장을 가져왔습니다.

생물학적 정보라는 생명 본질의 확장은 생명현상의 존재 의미와 방향성에 관한 새로운 관점을 제시하였습니다. 생명의 존재 의미와 생명 활동의 방향성은 자기 자신의 생물학적 정보를 연속적인 시간 속에 존재하게 하는 데 있습니다. 그러면서 동시에 증식하여 넓은 공간 속에서 퍼트리는 것으로 보입니다. 한 줄로 요약하면 생명현상은 시공간 상에서 생물학적 정보의 유지 및 증식입니다. 왜 이런지, 어떻게 이렇게 되었는지, 원래 그런지, 언제부터 그런지 모두 모릅니다. 하지만 현재 존재하는 미생물이 생존을 위해 생명 활동을 하고, 자기와 동일한 개체를 복제하여 그 숫자를 늘려가는 것은 부정할 수 없는 관찰 결과입니다.

모든 생명체는 자기 자신에 대한 정보를 스스로 가지고 있으며, 그 정보를 영속적으로 존재하게 노력하며, 자신과 동일한 정보를 확산하는 일을 합니다. 이러한 측면에서 컴퓨터 바이러스, 특히 자기복제 및 확산이 가능한 웜 바이러스(Worm virus)도 생명체의 유전 작용과 유사한 일을 한다고 할 수 있습니다. 한때 유행한 웜 바이러스는 자기복제에 필요한 모든 정보를 가지고 있으며 계속되는 자기복제와 인터넷을 통한 다른 컴퓨터로의 끝없는 전파를 목적으로 프로그램되어 있습니다. 하지만 생명체들은 정보의 시공간에서의 확산을 유기물질을 이용해 생명체라는 물질로 구현화 하지만 컴퓨터 바이러스는 그 정보의 현실에서의 구현화가 이루어지지 않아 생물이라고 하지 않습니다.

생명의 본질과 방향성이 확인됨과 더불어 또 하나의 특성이 밝혀지게 됩니다. 진화생물학자 리처드 도킨스(Richard Dawkins)의 『이기적인 유전자(Selfish Gene)』라는 책 제목에서 알 수 있듯이 생명이 추구하는 바는 이기적입니다. 이기적이라는 말은 주변보다는 자기 자신의 목적을 위한다는 것을 의미합니다. 생명 활동은 생명 활동을 하는 생명체의 유전정보에 의해 통제되고, 스스로의 유전정보를 유지하고 확장하는 방향성을 지닙니다. 따라서 생명 활동의 본질이 이기적인 것은 너무 당연합니다. 미생물을 비롯한 생물체들의 공생 혹은 생물학적 협동은 참여 주체 각각의 목적에 부합되지 않으면 이루어지지 않습니다. 공생하고 협동에 참여해 이득을 얻는 것이 아닌, 개체의 이득이 있기 때문에 어떠한 행위가 이루어지고, 행위의 결과가 공생과 협동으로 정의되는 것입니다.

미생물을 비롯한 생물들의 이러한 특성은 우리가 미생물과 같이 살고, 특히 우리가 미생물을 우리의 목적을 위하여 이용하고자 할 때 고려해야 할 중요한 사실입니다. 효모가 우리에게 맛있는 술을 주기 위해 알코올을 발효하는 것이 아닙니다. 유산균이 우리의 장내 미생물 균총의 균형을 위해 김치에서 유산균 발효를 하는 것이 아닙니다. 장내 미생물이 우리의 건강을 유지하기 위해 우리의 소장과 대장에서 서식하고 있는 것이 아닙니다. 단지, 그들은 그들의 생존을 위해 최선을 다하고 있을 뿐입니다.

“미생물의 생물학적 정보는 대사 작용으로 현실에 구현된다.”

두 번째 생명 활동은 대사 작용입니다. 일반적으로 교과서에서는 물질대사라고 합니다. 생명의 특징이 생물학적 정보의 유통이라고 해도 이는 현실 세계에서 일어나야 합니다. 생물학적 정보가 현실 세계에서 구현되는 방법이 대사 작용입니다. 우리가 사는 현실 세계는 물질세계입니다. 그리고 물질세계는 화학물질로 이루어져 있지요. 따라서 대사 작용은 생명체라는 특수한 환경에서 발생하는 화학 반응입니다. 보통 과학자들은 이러한 반응을 생화학 반응이라고 합니다.

자…… 다시 미생물에서 조금 더 작은 분자들의 화학 반응인 화학의 세계로 들어가 봅시다(네, 재미없어도 다시 화학입니다). 생화학 반응은 일반 화학 반응과는 조금 다른 조건이 있어야 합니다. 첫째, 물을 용매로 하여 반응이 일어납니다. 우리가 아는 지구에 있는 생명체들은 모두 물속에 있는 물주머니와 같은 구조로 되어 있습니다. 지구의 역사에서 미생물과 같은 원시 생명체들은 물속에서 만들어졌습니다. 물속에서 두 겹의 인지질이 풍선과 같은 막을 이루며 안쪽과 바깥쪽의 공간을 나누게 되면서 세포가 현실 세계에 만들어졌습니다. 따라서, 근원적으로 생명체들의 화학 반응인 생화학 반응은 이러한 물속에서 발생합니다. 세포 안은 물로 꽉 차 있고 세포 바깥에서도 물을 몸에 붙이고 다닙니다. 아무리 세포 바깥쪽이라고 하더라도 물이 없으면 생화학 반응은 일어나지 않습니다. 미생물 주변의 환경의 습도가 매우 낮아져 미생물 표면에서 수분이 제거되면 미생물은 정상적인 생화학 반응을 하지 못하게 되고 생명 활동 본연의 목표인 증식도 못하게 됩니다. 세포 안쪽은 지질인 세포막으로 보호되어 수분 손실을 막거나 최소화할 수 있습니다. 그래서 미생물이 완전히 사멸되는 것은 막을 수 있습니다. 우리가 식품을 장기 보존할 때 건조방법을 사용하는 이유가 여기에 있습니다. 식품이 변화하는 중요한 이유 중 하나는 식품에서 자체적인 생화학 반응이 진행되거나 미생물에 의한 생화학 반응이 진행되기 때문입니다. 건조를 통해 음식의 수분을 제거하면 음식 자체의 생화학 반응을 줄이고 미생물의 번식을 감소시킬 수 있게 됩니다. 그러나 건조를 통해서 미생물을 완전히 사멸시키기는 매우 어렵습니다. 수분이 들어가면 세포막이 파괴되지 않은 미생물 상당수가 다시 활발하게 활동을 하게 됩니다.

둘째, 생화학 반응은 반드시 생물 촉매를 통해 반응이 진행됩니다. 촉매는 화학 반응을 쉽게 진행시키는 물질입니다. 좀 어렵게 이야기하면 화학 반응의 활성 에너지를 낮추는 역할을 하는데 주로 특정 금속들이 이러한 역할을 많이 합니다. 생물 촉매는 일반 화학 반응에서 금속 촉매들이 하는 역할에 더하여 더 중요한 역할을 수행합니다. 생화학 반응의 생물 촉매는 단백질로 만들어진 유기 화합물로 효소라고 부릅니다. 물론, 어떤 효소들은 미네랄이라고 부르는 금속 이온을 그 안에 가지고 화학 반응이 발생할 때 도움을 받기도 합니다. 요즘 큰 기능성을 가지는 식품의 첨가제로 혹은 만병통치약처럼 사용하는 효소액의 그 '효소'입니다. 효소는 생화학 반응에서 매우 중요한 역할을 합니다. 하지만 효소액은 그냥 단백질이 녹아 있는 물일 뿐입니다. 가끔 설탕물(혹은 올리고당)을 이용하여 추출하는 경우가 있는데 이런 고농도의 설탕물은 영양학적으로 많은 문제를 일으킵니다.

반면, 대사 작용에서 효소의 역할은 지대합니다. 세포 안에서 어떠한 생화학 반응도 효소를 이용하지 않고는 일어나지 않습니다. 만일 효소를 매개로 하지 않는 화학 반응이 발생하면 그것은 생화학 반응이 아닌 일반적인 화학 반응입니다. 일반 화학 반응은 세포가 조절할 수 없는 화학 반응이며 세포를 파괴하는 화학 반응입니다. 미생물 및 세포의 생명 활동은 모두 철저한 통제 아래에서 일어납니다. 모든 생화학 반응은 필요할 때, 필요한 곳에서만 진행됩니다. 아무 때나 아무 곳에서 효소의 통제를 벗어나서 진행되는 반응은 세포 입장에서는 발생해서는 안 되는 독성 반응입니다. 세포에서 발생하는 대표적인 일반 화학 반응이 고에너지 자외선에 의한 반응과 활성산소에 의한 강제적 산화 반응입니다. 두 반응 모두 미생물을 죽이는 방법으로 사용되고 있습니다. 이 반응의 결과를 우리는 돌연변이와 노화라고 합니다.

효소는 세포가 가지고 있는 생물학적 정보에 따라 생명 활동을 조절하고 구현화 하는 도구입니다. 화학 반응에서 효소의 기능은 생화학 반응의 활성 에너지를 낮추어 반응을 진행시키는 역할과 동시에 반응 기질의 선택적 특이성을 부여합니다. 뒤집어 이야기하면 특정 대사물질은 아무 효소와 반응하는 것이 아닌 세포 내에 발현된 정해진 특정 효소에만 반응합니다. 즉, 모든 대사물질의 화학적 전환에는 반드시 정해진 효소만이 관여하게 되고 세포는 이 효소가 반응하는 타이밍, 장소, 양을 조절하여 생화학 반응을 엄격하게 통제하는 것이 가능해집니다. 퀴즈 하나를 풀어볼까요? 식품미생물학 수업을 듣는 학생들에게 중간고사로 내는 문제를 여러분에게도 내보겠습니다. 세포에서 생화학 반응이 발생하는 장소는 어디일까요? 다양한 답들이 나옵니다. 세포 안, 세포 밖, 세포질, 세포막, 세포 어디서든지. 하지만 제가 가장 높은 점수를 주는 답은 효소의 '활성 부위(active site)'입니다. 효소는 생화학 반응이 직접 발생하는 장소를 제공합니다. 대사 활동의 생화학 반응은 효소 이외의 장소에서는 발생하지 않습니다.

셋째는 생화학 반응의 환경 조건입니다. 생화학 반응은 일반적으로 중성 pH, 상온, 상압의 조건에서 발생합니다. 이 반응 환경에 대한 조건들은 첫째, 둘째 조건만큼 모든 미생물과 세포에서 반드시 지켜지는 것은 아닙니다. 대부분의 미생물, 특히 인간이 생활하고 생존할 수 있는 환경에서 살아가는 미생물은 대부분 위의 조건에서 생화학 반응이 진행됩니다. 물론 예외도 있고, 아직 우리가 모르는 것도 많이 있을 수 있습니다. 특정 환경에 적응하기 위해 일반적이지 않은 조건에서 반응이 최적화된 효소가 있기도 합니다. 하지만 세포 안에서 이루어지는 생화학 반응은 세포 밖의 환경에 상관없이 일정하고 안정된 환경을 선호하며 최적의 반응을 만들어 냅니다. 강렬하고 가혹한 조건에서 수행되는 일반 화학 반응과는 달리 생화학 반응은 생명체를 이루는 유기 화합물이 환경조건에 의해 파괴되지 않아야 합니다. 유기 화합물의 통제된 변화를 만들기 위해 생화학 반응을 하는데 유기 화합물이 파괴되면 당연히 주객전도이며 본말이 전도된 상황이겠지요.

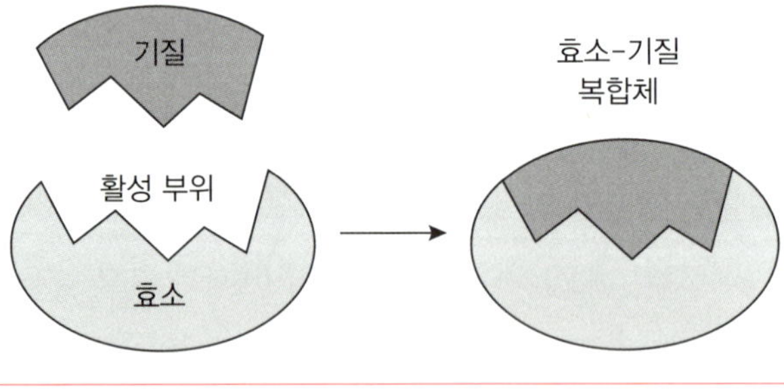

효소에서 기질과 결합하는 특정 부분을 활성 부위라고 한다. 효소는 기질과 결합해서 효소-기질 복합체를 형성하여 화학 반응의 활성화 에너지를 낮춘다.

이러한 특징을 가지는 생화학 반응으로 이루어진 대사 작용의 목적 및 진행 방향성을 세포가 가지는 생물학적 정보의 구현화라고 하겠습니다. 유전자가 가지는 생물학적 정보의 목표는 현재 세포를 유지하는 것과 새로운 세포를 증식하는 것입니다. 따라서 대사 작용의 진행 방향은 당연히 새로운 생명체, 즉 유기 화합물의 '합성'을 향해 진행됩니다. 물론 존재하는 유기 화합물의 분해도 진행되나 이 분해의 과정은 새로운 유기 화합물의 합성이라는 최종 목적을 이루기 위해 분해가 이루어진다고 생각해도 무방합니다. 이러한 유기 화합물의 합성반응을 생물학적 합성 혹은 생화학 합성이라는 뜻으로 생합성이라고 하고, 생합성을 위한 모든 생화학 반응을 동화 작용(anabolism)이라고 합니다(사실 생합성, 동화 작용은 일본으로부터 온 외래어입니다).

동시에 새로운 유기 화합물의 합성 혹은 창조뿐만 아니라 수많은 생화학 반응의 진행을 위해서는 에너지가 필요합니다. 세상에 공짜는 없습니다. 무엇인가를 만들려면 무엇인가를 투입해야 하고 에너지를 사용해서 노력해야 하겠지요. 물리 시간에 배웠던 질량 불변의 법칙과 에너지 총량 보존의 법칙이 사람들의 삶과 생명 활동에도 적용된답니다. 이 동화 작용에 필요한 에너지를 생명으로 만드는 작용을 이화 작용(catabolism)이라고 합니다. 이화 작용은 기본적으로 유기 화합물을 분해하면서 유기 화합물이 가지고 있는 화학적 에너지를 끄집어내 생물학적 에너지로 전환하는 반응입니다. 좀 더 정확히 이야기하자면 유기 화합물을 이루고 있는 원자들 간의 결합을 떨어뜨리면서 그때 나오는 에너지를 이용하는 것입니다. 동화 작용에서 유기 화합물을 만들기 위해

에너지가 들어간다고 했지요? 그때 들어간 에너지 일부를 회수한다고 생각하면 됩니다.

혹시 누군가 세포 안에서 일어나는 활동이 더 많이 있고 그렇게 단순화할 수 없다고 이의를 제기할 수 있습니다. 맞습니다. 물론 세포의 생명 활동을 유지하기 위한 생화학 반응, 효소 반응을 모두 동화 작용과 이화 작용으로 나누기 어려운 것은 사실입니다. 또한 세포 안에서 일어나는 화학 반응, 물리적 반응들은 매우 복잡하고, 그 시간과 공간적 정교함은 신의 존재를(혹은 외계인을……) 믿게 할 정도로 대단합니다. 하지만 많고 다양한 세포 내 반응들은 결국 그 반응의 목적성을 보면 유전 작용, 동화 작용, 이화 작용을 위해 움직인다고 할 수 있습니다. 그만큼 세 가지 작용은 미생물을 비롯한 모든 생명체의 기본적인 생명 활동이라 하겠습니다.

그러면 대사 작용을 이루고 있는 동화 작용과 이화 작용에 관해 조금만 더 알아보도록 하겠습니다.

❖ 동화 작용

지금 자연계를 구성하는 생물들의 기본적인 능력은 미생물에서 온 것이라고 생각합니다. 현재 지구의 자연계는 생물을 구성하는 기본 원자인 탄소, 산소, 질소 및 수소를 순환시키고 그 순환 과정에서 생명체가 사용할 수 있는 에너지를 만들어 내는 개체들의 집합체라고 했습니다. 아주 먼 미래에, 혹은 지구가 아닌 다른 행성에서는 어쩔지 모르겠지만 지금의 지구에서는 그렇습니다. 무기물로 존재하는 탄소, 산소, 질소를 합쳐서 생명체를 이루고 있는 유기물로 바꾸고 그 유기물을 다시 분해해 무기물로 돌려보내며 생명 에너지를 만들어 내는 큰 순환 과정이 지금 지구의 자연계입니다.

무기물 탄소인 이산화 탄소를 유기물인 탄수화물로 전환시키는 것을 탄소 고정화(Carbon fixation)라고 합니다. 무기 질소인 암모니아를 유기 질소 화합물인 아미노산으로 전환하는 것을 질소 동화 작용(Nitrogen assimilation)이라고 합니다. 산소는⋯⋯ 벌써 이산화 탄소에서 탄소랑 같이 손을 잡고 들어갔네요. 수소는 깍두기입니다. 우주에서 가장 풍부하게 존재하는 원자인 수소는 그냥 다른 원자들과 같이 다닌다고 생각하면 됩니다. 원자들은 음전하를 띄는 전자를 가지고 있습니다. 그것도 많이요. 때로는 원자들은 쉽게 움직여 다닐 수 있는 전자들을 주고받으며 에너지를 축적합니다. 원래 원자가 가지는 것보다 전자를 더 가지면 힘센 원자가 되겠지요. 건전지가 그렇지요? 건전지는 전자들을 잔뜩 가지고 있다가 길이 생기면 전자들을 보내서 전기에너지를 공급합니다. 이러한 음전하를 띈 원자들을 안정화할 때 수소가 파트너로 요긴하게 사용됩니다. 수소의 원자핵은 중성자를 가지고 있지 않습니다. 그래서 전자 하나를 잃어버린 수소 원자(H^+)의 다른 이름은 양성자입니다. 수소 이온은 전자 하나보다 1,837배 더 무겁지만 전기적으로 좋은 파트너입니다. 수소는 그래서 깍두기입니다. 무기 수소, 유기 수소를 구분할 수 없는 그냥 모든 원자들과 친하게 다니는 친구입니다.

이렇게 미생물은 무기 화학물질을 유기 화학물질로 바꾸어 줍니다. 다시 이야기하면, 미생물과 같은 생명체가 만들어 내는 물질을 유기(화합)물이라고 합니다. 가끔 사람들이 이야기하는 것을 들어보면 유기 화학물질 혹은 유기 화학 제품은 인간을 멸망시킬 수 있는 아주 나쁜 것처럼 말하고는 합니다. 그리고 유기 화합물(제품)의 반대는 천연물(제품)이고 이것은 건강에 좋은 반면, 유기 화합물은 제거해야 할 인간의 주적처럼 말하고 있습니다. 이럴 때는 생물학자로서 뭐라고 말도 못하고 끙끙거릴 뿐입니다. 천연물 중에서도 얼마나 위험한 것들이 많은 지 모를 겁니다.

이러한 오해는 아마도 유기 화학이라는 것에서 시작되었다고 생각합니다. 유기 화학의 화학 반응을 통해 만들어 낸 제품을 유기 화합물, 유기 화합 제품이라 불렀기 때문이겠지요. 생명체가 만드는 화학물질인 유기물을 생명체를 이용하지 않고 전혀 다른 조건에서 인간의 손으로 만들어 내는 화학적 방법이 유기 화학입니다. 생명체는 생명체로부터 만들어진다는 자연의 근본 원리에 도전하여 생명체를 구성하는 유기물을 생명체가 아닌 인간이 만들어 내는 것에 성공했고, 그것을 연구한 학문 분야가 유기 화학입니다. 네, 다시 한 번 더 이야기하자면 과학은 인간이 자연의 신비를 현상으로 받아들이지 않고 자연의 원리를 탐구해 이해하고, 그것을 바탕으로 자연을 통제하는 것에 대한 도전으로 이루어져 있습니다. 인간의 힘은 때로는 대단합니다. 자연이 만드는 물질의 상당 부분을 인간만의 방식으로 다시 만들어 냈으니까요. 음…… 신의 창조와는 다른 방법으로 신이 창조한 것을 만들어 낸다고나 할까요? 그리고 때로는 신이 창조하지 않아 자연계에는 존재하지 않았던 새로운 물질까지 만들고 있습니다. 플라스틱과 같은 물질은 원래 자연에 존재하지 않았는데 인간이 연구하여 만들어 낸 대표적인 것이지요.

유기 화학적 방법으로 만들어지는 유기 화합물은 생명체가 만드는 유기 화합물과 같은 물질입니다. 단지, 만드는 방식이 새롭고 만드는 과정에서 예상치 못한 부산물이 생산되어 그것들이 문제를 일으키기는 하지만 말입니다. 그러다 보니 유기 화합물이 나쁜 이미지를 얻었다고 생각합니다. 하지만 유기 화합물 자체는 나쁜 것이 아닙니다. 왜냐하면 생명체는 유기 화합물로 이루어져 있기 때문이고 유기 화합물의 반대말은 천연물이 아니기 때문입니다.

일반적인 생명체는 무기물을 유기물로 전환시키지 못합니다. 인간들만 하더라도 무기물을 먹고 우리의 몸을 이루는 유기물을 만들지 못합니다. 그래서 인간은 반드시 유기물을 먹어야 살 수 있는데, 다시 말하면 인간들은 다른 생명체가 만든 생명체의 일부를 먹어야 생존할 수 있다는 것과 같습니다. 인간이 속한 생태계를 화학적으로 단순화시켜보면 유기물에서 무기물로 분해하고 무기물에서 다시 유기물로 합성하는 순환구조를 그리고 있습니다. 그리고 여기에 필요한 가장 근원적 에너지는 태양과 지구, 즉 하늘과 땅에서 얻고 있습니다. 유기물을 먹어 무기물로 뱉어내는 인간과 동물 같은 존재를 유지하기 위해서는 무기물을 유기물로 전환하는 존재가 필요합니다. 이렇게 무기물을 유기물로 전환하는 생태계 가장 밑바닥 역할을 미생물이 수행합니다. 미생물을 제외하고 무기물을 유기물로 전환시킬 수 있는 것은 이산화 탄소를 흡수하여 포도당으로 전환시키는 식물만이 가능합니다. 물론 모든 미생물이 무기물을 유기물로 전환시키는 능력 즉, 무기물을 먹고 살 수 있는 능력이 있는 것은 아닙니다. 오히려 상당수의 미생물은 반드시 유기물을 먹고 살아야 하는 고급스러운 입맛을 가지고 있습니다.

그러면 무기물을 유기물로 전환시키는 능력이 있는 미생물이 더 강력한 생명체이고 자연계에서 중요한 미생물일까요? 꼭 그렇지는 않다고 생각합니다. 만일 무기물을 유기물로 전환시키는 미생물만 있으면 어떻게 될까요? 아마 지구상의 무기물은 계속 소진되기만 할 것이고 생성된 유기물은 쌓이기만 할 것입니다. 이것을 다른 한쪽에서 제어하는 것이 유기물을 먹고 사는, 즉 유기물을 분해해 다시 유기물로 생성하는 미생물과 생명체들입니다. 무기물을 유기물로 전환하는 미생물이 유기물을 만들고, 다른 한 축에서는 유기물을 이용하여 유기물을 생성하는 미생물이 유기물의 순환을 담당합니다. 이화 작용에서 이야기하겠지만 유기물을 이용하여 에너지를 만들어 내기 위해서 산소를 이용한 호흡을 한다면, 유기물인 탄수화물이 무기물인 이산화 탄소로 전환될 것입니다.

이렇게 유기물에서 무기물로 돌아간 것은 다시 미생물과 식물들을 통해 유기물로 순환됩니다. 즉, 이 지구의 생명체들이 살아가는 생물학적 자연계는 두 축의 순환이 서로 균형을 이루어 진행되고 있습니다. 물론 요즘은 인간들이 무기 탄소인 이산화 탄소를 조금 다른 방법으로 생산하고 있어서 자연의 두 축이 흔들리며 균형이 깨지고 그 결과로 인해 지구 온난화가 발생하고 있기는 합니다. 지구 온난화라기보다는 지구 생태환경의 균형점이 움직이고 있다고 하는 것이 더 정확할 것입니다. 자연 환경은 늘 역동적으로 움직여 왔습니다. 늘 그랬습니다. 따라서 자연은 자연으로 존재할 것이고 미생물 역시 생물계의 근간을 이루며 존재할 것이라고 의심하지 않습니다. 단지, 역사 속에서 나타났다가 사라진 수많은 생물들처럼 인류도 언젠가는 지구상에서 소멸할지도 모르겠습니다. 그러고 보면 지구 온난화는 인간 생존의 문제이지 자연계의 문제는 아니라고 봅니다. 그렇습니다. 인간이 자연을 보호한다든가 혹은 환경변화를 막는다는 것은 굉장히 오만한 발상입니다.

마지막으로 미생물이 이용하는 기본물질은 이산화 탄소와 암모니아를 꼽습니다. 왜 탄소나 질소가 아닐까요? 이것은 이산화 탄소와 암모니아가 탄소나 질소로 구성된 가장 단순한 형태를 가지면서 물에 잘 녹기 때문입니다. 물론 탄소는 메탄이 있습니다만 에너지를 가지는 산화된 형태로 산소를 한꺼번에 가지고 들어갈 수 있는 좋은 것은 이산화 탄소이기 때문이지요. 지구상 최초의 생명체인 미생물들은 물에서 만들어지고 물속에서 생활하고 물을 가지고 생화학 반응을 유지한다고 이야기하였습니다. 그렇기 때문에 물에 잘 녹는 이산화 탄소와 암모니아가 선택됐다고 봅니다. 우리는 물의 행성에서 사는 물의 아이들입니다.

❖ 이화 작용

그러면 무기물을 유기물로 만드는 과정에서 필요한 에너지는 어디에서 올까요? 대부분의 생명체는 유기물을 분해하는 과정에서 에너지를 얻습니다. 이러면 다시 원점이 되지요. 무기물을 유기물로 만들려면 에너지가 있어야 하고 에너지는 유기물을 분해하면서 얻는다고 하면 닭이 먼저인지 달걀이 먼저인지 하는 이야기와 같은 상황이 되어 버립니다. 자연계를 지속시키는 가장 근원적인 에너지는 어디서 얻을까요? 혹시 우주의 창조신께서 '짠'하고 주신 것 아닐까요? 음…… 맞는 것 같기도 합니다. 세계의 많은 창조 신화는 "태초에 빛이 있으라"를 이야기합니다. 그 후 대지와 바다를 만듭니다. 무기물의 세계와 지구 생명체의 존재 근본인 물의 창조를 이야기하고 있지요. 완벽한 자연계의 출발입니다.

생명체가 사용하는 에너지는 결국 전기에너지입니다. 열에너지도 운동에너지도 아닙니다. 생물체는 전자의 흐름을 사용하여 분자들을 변환시킵니다. 이런 전자가 아무런 통제를 받지 않고 그냥 생명체 안을 돌아다니며 원하지 않는 곳에 전자를 주면 큰일 납니다. 그래서 세포 안에는 전자를 잔뜩 가지고 있는 유기분자가 있고 이 유기분자가 꼭 필요한 장소와 시간에 전자를 넘겨주어 에너지를 전달해 줍니다. 우리 생명을 존재하게 하는 생명 에너지는 전기에너지이고, 전기에너지를 저장하는 유기분자는 ATP(adenosine triphosphate)입니다. ATP에 붙어있는 세 개의 인산(phosphate)에는 전자가 잔뜩 모여 있습니다. 무기물인 인(phosphorus)이 아닌 유기물인 인산(PO_4^{2-})입니다. 이 인산이 하나씩 떨어져 나가며 전자를 방출하고 에너지를 만들어 냅니다. 진짜 재생 가능한 생명의 배터리지요. 어릴 적 읽었던 『드래곤 볼』에서 손오공의 무기 에네르기파는 혹시 벼락과 같은 전기에너지가 아니었을까요?

다시 원점으로 돌아가서 가장 근원이 되는 전자의 흐름을 만들어 내는 것은 무엇일까요? 그것은 태양으로부터의 빛입니다. 태양이 만들어 내는 따뜻한 복사 열에너지 말고 눈부신 빛 말입니다. 소싯적 물리 시간에 배웠던 것을 기억해보면 빛은 파동의 성격을 가지고 있으며 파장의 길이에 따라 에너지를 가집니다. 태양으로부터 오는 다양한 파장의 빛을 흡수하여 전자의 흐름을 만들어 내는 능력을 가지는 기관이 엽록체입니다. 명반응 혹은 광의존적 반응으로 알려진 이 반응에서 만들어진 전자의 흐름에서 ATP가 만들어집니다. 이어 ATP는 무기 탄소인 이산화 탄소(CO_2)를 유기 탄소 화합물인 포도당으로 전환시킵니다. 이러한 광합성 능력은 지구의 자연계를 유지시켜 주는 근원적인 힘이 됩니다. 식물을 비롯한 엽록체라고 불리는 클로로필을 가지고 있는 생물이 이러한 능력을 갖추고 있습니다. 하지만 현대 생물학은 엽록체도 미생물로부터

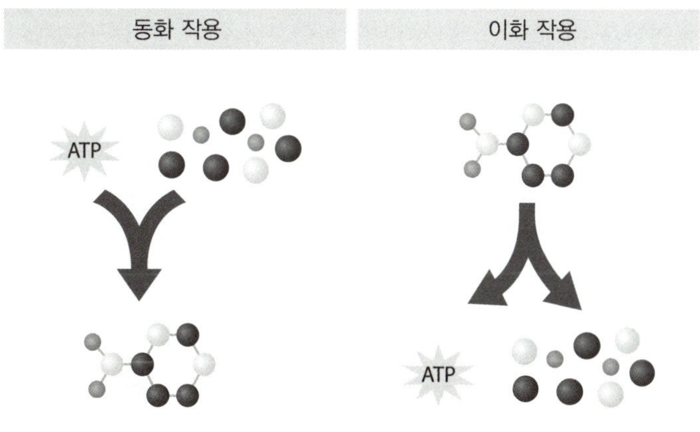

동화 작용과 이화 작용

진화했다고 보고 있습니다.

이렇게 지구는 태양 없이는 아무것도 못합니다. 태양으로부터 에너지를 받아 지구의 대기를 움직이고 지구를 따뜻하게 유지하며 생명체가 에너지를 만들어 생존하는 것을 가능하게 합니다. 그러면 지구에 생명체가 많아지면 많아질수록, 열심히 생명 활동을 하면 할수록 지구가 품고 있는 에너지는 점점 늘어날까요? 네, 그렇습니다. 그렇기 때문에 에너지도 물질과 마찬가지로 끊임없이 순환을 해야 합니다. 에너지를 품는 고에너지 물질이 만들어지고 그 에너지를 이용해 생명을 유지하는 일을 한 후 에너지를 다시 뿜어냅니다. 그리고는 다시 그 에너지를 궁극적으로 열에너지로 방출합니다. 우리가 사는 지구의 에너지 균형에 영향을 주는 것은 너무나 많습니다. 그리고 자연계의 자연순환에 영향을 주는 인간들의 활동도 그렇습니다. 인간들은 끊임없이 자연의 순환에서 벗어난 에너지를 방출하지요. 하지만 에너지는 인간들의 영향보다는 태양의 영향을 더 많이 받습니다. 워낙 방대한 양이 떨어지니까요. 만일 외부로부터의 영향이 일정하게 평형 상태라면 인간들의 활동이 상당한 영향을 미치고 이화 작용에서 설명했던 지구 온난화에 영향을 크게 주겠지요.

그러면 지구에 에너지를 공급하는 것은 태양만 있을까요? 아닙니다. 사실 지구도 상당한 에너지를 가지고 있습니다. 지구 내부의 온도는 상상 이상으로 높고 그 에너지는 지구의 표면으로 방출되고 있습니다. 지구상의 미생물 중 태양에서 오는 에너지가 아닌 지구가 자체적으로 생산하는 에너지를 이용하는 미생물이 있을까요? 네, 있습니다. 대표적으로 심해에 사는 미생물, 특히 심해의 화산 근처에 사는 미생물들은 오롯이 지구가 만들어 내는 에너지를 이용해 생존하고 있다고 생각됩니다. 지구 내부에서 올라오는 열에너지가 물질의 에너지 레벨을 변화시키고, 그 변화된 에너지를 사용하며 생존하는 미생물이 존재합니다. 그리고 그렇게 심해 깊은 곳, 혹은 동굴 속 깊은 곳에 우리들이 아직 모르는 미생물이 존재합니다.

그러나 그들은 그들만의 세상을 이루어 살고 인간들이 살고 있는 지구 표면의 생물학적 상호 작용에는 영향을 끼치지 못합니다. 그래서 인간들은, 그리고 우리 인간들과 같이 살며 인간들의 생존환경을 이루는 미생물을 포함한 생명체들은 태양이 없으면 생존할 수 없습니다.

자…… 이번엔 SF의 영역으로 넘어가 볼까요. 만일 태양이 없어지면 지구는 어떻게 될까요? 많은 일들이 발생하겠지만 그냥 '지구상에 생명체는 어떻게 될까' 이것만 생각해 봅시다. 사실 이러한 상상으로 만들어진 다큐멘터리와 영화는 많습니다. 그러면 우리도 시나리오 작가가 되어봅시다. 태양이 어느 날 갑자기 없어진다면 제일 먼저 지구 표면의 온도가 무섭게 떨어질 겁니다. 물론 태양으로부터의 중력이 없어져 영향을 받는다는 사실은 잠시 접어 두도록 합시다. 지구 표면의 모든 곳이 얼어 붙기 시작하고 바다도 두텁게 얼어붙게 될 것입니다. 아…… 여기저기 도망가고 숨어 있으면 머리가 복잡해지니깐 인간은 이미 다 없어졌다고 가정하지요. 없어졌다고 하면 너무 슬플까요? 그렇다면 다 도망갔다고 합시다. 다른 행성으로요. 아무튼, 지구는 꽁꽁 얼어붙게 되고 대부분의 생명체는 당연히 다 죽게 됩니다. 식물군은 태양 없이는 낮은 온도로 다 죽어버리므로 먹이사슬이 붕괴되면서 대부분의 생명체들도 다 멸종하게 됩니다. 그러면 지구는 완전히 죽음의 행성이 되었을까요? 꼭 그렇지는 않을 것이라고 과학자들은 말합니다. 바다 깊은 곳은 높은 압력으로 물이 얼지 않으며 또한 바다에는 지구의 에너지가 뿜어져 나오는 곳들이 군데군데 존재합니다. 이러한 곳에 지구가 만들어 내는 열에너지를 통해 자신의 생존에너지를 만들 수 있는 미생물들이 생존하고 있을 겁니다. 바다가 아니더라도 육지의 지하에도 물이 존재합니다. 이들 중에 역시 화산 근처의 물에서는 미생물들이 계속 생존을 하고 있을 수 있습니다.

이러한 가정을 바탕으로 최근 활발하게 생명체를 찾고 있는 곳이 있습니다. 지구가 아닙니다. 바로 목성의 위성인 유로파입니다. 천문관측의 발달로 태양으로부터 멀리 떨어져 있는 물의 행성인 유로파는 표면온도가 -160~-220 ℃ 정도로 바다에는 10~20 km 두께의 얼음층이 덮여 있다고 합니다. 이렇게 추운 유로파에 두꺼운 얼음층 밑에 얼지 않은 물이 있으며, 유로파 자체가 만들어 내는 열이 있음을 확인하였다고 합니다. 그래서 '아마 미생물이 있지 않을까' 그리고 '그 미생물을 이용해 생존하는 다른 생물이 있지 않을까'라고 생각하고 있습니다. 아마 이렇게 태양이 없어진다 해도 지구에는 생명체가 끝까지 살아 남지 않을까 생각합니다.

그러면 미생물은 대부분이 태양에서 에너지를 얻어 생존할까요? 사실 아닙니다. 미생물이 살아가는 환경은 태양빛이 미치지 않는 환경이 더 많습니다. 대부분의 미생물은 다른 생명체가 만들어 놓은 유기물의 원자 간의 결합을 분해하면서 발생한 에너지인 전자의 흐름을 사용합니다. 여기서 만들어지는 전자의 흐름을 어떻게 유용하게 사용하느냐 그리고 그 전자를 누가 세포 밖으로 가지고 나가느냐에 따라 발효와 호흡으로 나눌 수 있습니다.

이렇듯 미생물은 미생물 하나하나가 동화 과정과 이화 과정을 수행하며 생명현상을 만듦과 동시에 미생물 전체적으로는 생물계에서 물질의 순환과 에너지의 순환에 참여하고 그 근본을 이루고 있습니다. 맞습니다. 인간이 살고 있는 자연계는 미생물이 어디에든 존재하고 미생물 없이는 자연계가 유지되지 않습니다. 자연계에서 인간은 미생물과 공존을 하는 것이 아니라 미생물이 사는 틈에 인간이 들어와서 끼어 살고 있다고 보는 것이 더 좋을 것 같습니다.

| 미생물 그 세 번째, 작은 미생물 – Size does matter |

자연계는 미생물 없이는 존재할 수 없고 오히려 미생물의 세상에 인간들이 들어와 사는 것 같다고 하였습니다. 실제로 어느 과학자는 지구상의 미생물 숫자는 세상의 모든 인간들의 몸을 이루고 있는 모든 세포의 숫자보다 수천억 배는 더 많다고 하였습니다. 세상은 인간의 세상이 아니라 미생물의 세상이라고 말입니다. 또 사람의 손바닥 만한 면적에 인구 대국인 중국이나 인도보다 더 많은 숫자의 미생물들이 존재합니다. 요즘 어지간한 발효유를 일주일만 먹으면 지구상 모든 사람들의 숫자보다 더 많은 숫자의 미생물을 꿀꺽하게 됩니다. 그런데 왜 그렇게 느껴지지 않는 것일까요? 오히려 인간들이 사는 곳에 미생물이 사람들의 허락을 받은 공간에서만 산다고 느낄까요? 인간이 원래 자기 중심적이고 적반하장의 끝판 왕인 동물이라서 그럴까요? 뭐, 그럴 수도 있다고 생각합니다. 하지만 인간들은 예로부터 본 것을 중심으로 믿고 자신이 본 것을 중심으로 세상을 구성하려는 습관이 있었습니다. 인간들이 미생물을 생각하지 않는 것, 우리들 세상의 큰 부분으로 받아들이지 않았던 것은 아마 보이지 않았기 때문이 아닐까 합니다. 네, 그렇습니다. 미생물의 마지막 특징은 작다, 그것도 매우 작다, 입니다.

사실 미생물은 우리 세상의 일부가 아니었습니다. 미생물의 존재는 인간들의 인식을 넘은 또 다른 세계의 존재였습니다. 실제로 존재하고 인간들의 삶에 영향을 주면서도 우리들의 눈으로는 볼 수 없는 알 수 없는 존재였습니다. 즉, 신과 같은 초월적인 존재였던 것입니다. 단지, 매우 작아서 볼 수 없다는 이유로요. 다음 장에서 설명하겠지만 인간은 그러한 초월적인 존재를 과학을 통해 현실로 끌어드렸습니다. 렌즈와 현미경의 발견으로 미생물을 나누고, 고립시키고, 키우고, 분류하여 인간들이 정한 인위적 환경에서 실험해 그들의 존재를 파헤쳤습니다. 하지만 역시, 아직까지 인간의 맨눈으로 미생물을 관찰할 수는 없었습니다. 매우 작으니까요. 미생물은 광학 현미경으로 볼 수 있는 가장 작은 생명체입니다. 미생물, 세균보다 더 작으면 광학 현미경이 아닌 전자의 흐름을 이용해 관찰하는 전자 현미경을 이용해야 합니다.

미생물은 작습니다. 그런데 과학에서 '크다, 작다'는 사용하면 안되는 비과학적 단어입니다. 왜냐하면 크다, 작다는 개념은 상대적이기 때문입니다. 인간 집단들의 학문인 과학의 특징 중 하나는 보편 타당성 및 객관성입니다. 내가 알고 있고 설명하는 것은 다른 사람도 똑같이 받아들이고 똑같은 것으로 인지하여야 합니다. 즉, 우리가 과학을 서술할 때는 모든 사람들이 똑같이 받아들이는 절대적 언어로 서술해야 합니다. 서로 다르게 받아들일 수 있는 상대적인 언어를 사용해서는 안됩니다. 미생물이 아무리 작다 해도 분자보다는 압도적으로 큽니다. 사람들이 미생물과 비교하여 크다고 하더라도 사람은 태양에 비해 비교도 안되게 작은 크기를 가집니다. 따라서 우리가 이렇게 상대적인 언어를 사용해 서술을 할 경우에는 두 가지 방법을 사용합니다.

누구나 아는 비교 대상을 명확히 정해서 그것과 비교하여 상대적으로 서술합니다. 이러한 경우 비교 대상이 되는 것을 선정하는 것이 그 분야 학문의 가장 중요한 토대가 됩니다. 이런 것을 '기준점을 잡는다', '베이스라인을 설정한다' 혹은 '레퍼런스 데이터를 확립한다'라고 표현을 하지요. 실험 설계에서는 '양성 대조군과 음성 대조군을 설정한다'고도 하고요.

아니면, 절대적인 언어를 사용해서 서술하면 됩니다. 인간들은 인간들의 머리에서 순수하게, 모든 사람들을 공통으로 묶을 수 있는 언어를 만들었고 이를 이용하여 지식의 체계를 완성하고 있습니다. 그것이 바로 수학입니다. 하나는 하나로 모든 사람이 공통으로 받아들이고 하나 더하기 하나는 하나의 묶음인 둘이라는 것도 개념으로는 모든 사람이 공동으로 인지하고 있습니다(이진법에서는 10이라고 시비 걸지는 말아주세요. 10은 숫자 표현이 다른 것이지 절대량의 개념은 2와 치환되며 같은 것입니다).

자, 그러면 우리도 생물학이라는 학문으로 돌아가서 작다는 것이 얼마나 작은 지 알아보도록 합시다. 미생물은 사람의 맨눈으로는 볼 수 없는 작은 생명체라고 하였습니다. 인간의 맨눈으로 구별할 수 있는 크기, 즉 분해능은 0.1 mm, 즉 100 μm입니다. 미생물은 이것들 보다 작은 생명체를 뜻합니다. 보통 원생생물이 10~100 μm, 세균이 1~10 μm의 크기를 가집니다. 그리고 바이러스는 0.1 μm 보다 작고 그 크기는 다양합니다. 최근에는 미생물과 바이러스를 따로 구분하는 편입니다. 바이러스와 미생물이 살아가는 방식을 하나로 엮기에는 상당히 다릅니다. 또, 앞에서 서술한 바와 같이 바이러스부터는 일반 광학 현미경을 이용해 우리가 직접 관측을 할 수 있는 범위를 넘어 전자 현미경을 이용해 간접적으로 관측해야 하는 영역으로 들어가 있습니다.

미생물은 다시 진핵 다세포 생물인 곰팡이, 진핵 단세포 생물인 효모, 원핵 단세포 생물인 박테리아로 구분됩니다. 말이 좀 복잡한가요? 단세포와 다세포는 쉽지요? 하나의 세포가 혼자서 독립적으로 잘 사는 것을 단세포 생물, 혼자서는 잘 못살고 여러 개의 세포가 나란히 붙어서 사는 것을 다세포 생물이라고 합니다. 원핵 세포와 진핵 세포는 핵이라는 구조체가 있고 없고의 차이입니다. 핵막을 가지는 핵이라는 구조체가 있는 것이 진핵, 핵이라는 구조체가 없는 것이 원핵입니다. 핵이 없다고 핵 안에 들어가야 하는 유전자들이 없다는 것이 아닙니다. 유전자 없는 생명체는 없습니다. 현미경으로 세포를 관찰하다 보니 핵이 존재하는 것과 핵이 보이지 않았던 것이 있어 원핵과 진핵 세포로 구별했는데 과학의 발전으로 밝혀진 그 의미는 단순한 것이 아니었습니다. 하나의 세포와 같이 내부와 외부를 나눌 수 있는 막이 있는 구조체를 가지고 있느냐 아니냐를 넘어서 생명체의 기능적 진화에서 엄청난 의미를 지니고 있습니다.

그런데 미생물 중 효모와 박테리아가 작아서 눈에 보이지 않는 것은 알겠는데 곰팡이는 보이지 않나요? 먹다 남은 빵에도 수챗구멍에도 지하 방 벽지에서도 곰팡이를 찾아볼 수 있습니다. 그런데도 미생물일까요? 네, 그렇습니다. 곰팡이도 미생물로 분류하고 있습니다. 뭐, 사람들이 마음대로 분류한 거죠. 사실 곰팡이는 생물학적으로 다양하게 분류하고 있습니다. 어떤 생물학자는

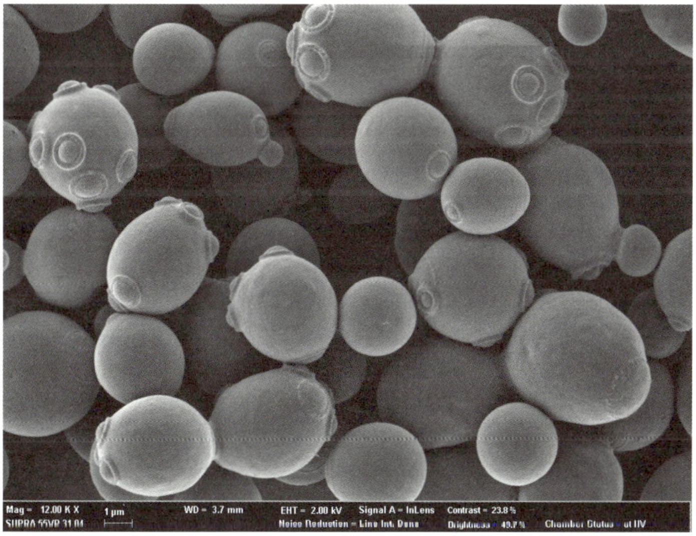

효모(Saccharomyces cerevisiae)의 전자현미경 사진 둥근 모양이고, 출아(budding) 방법으로 증식합니다. 큰 세포와 작은 세포가 같이 있는 사진에서 큰 세포는 엄마 세포이고 작은 세포는 딸 세포라 부릅니다. 큰 세포 표면의 흉터(scar)는 딸 세포를 출아시킨 부분입니다.(출처: SPC 식품생명공학연구소)

바이러스를 따로 분리하는 것과 마찬가지로 곰팡이를 세균에서 따로 분류하기도 합니다. 사실 곰팡이가 다세포 생물로 세포들이 균사체를 이루고 성장을 하기에 눈에 보이기는 하지만 그 균사체 하나하나, 포자 하나하나의 구조들이 맨눈으로 보기는 매우 어렵습니다. 그래서 제대로 보려면 현미경이 필요함으로 미생물에 놓아두자고 합니다. 그러면…… 사람들 세포 하나하나는 맨눈으로 보이나요?

곰팡이의 분류를 식품미생물학자가 마음대로 분류해 보자면 세 가지로 쉽게 나뉩니다. 첫 번째는 효모입니다. 효모는 생물학적 분류체계에서 곰팡이의 일종입니다. 다시 말하면 효모 중에서 균사체를 이루며 자라는 애들이 있습니다. 두 번째는 일반적으로 알고 있는 곰팡이입니다. 균사체를 이루고 예쁘게 자라든 슬라임처럼 꾸물꾸물하게 자라든 아무튼 곰팡이처럼 생긴 곰팡이들입니다. 마지막은 버섯입니다. 버섯 또한 생물학적으로 담자균류(Basidiomycota)라는 곰팡이의 일종입니다. 일반적으로 버섯을 미생물이라고 하지는 않지요? 네, 이렇게 이해하면 될 것 같습니다. 곰팡이는 눈에 보이지 않는 미생물이 자기들끼리 뭉쳐서 다세포 생물을 만들며 크는 미생물과 미생물보다 큰 생명체의 연결고리 정도라고 이해하시면 되겠습니다.

세균은 대략 1~10 μm라고 하는 데 어느 정도의 크기인지 감이 잘 안 오지 않나요? 때론 절대적인 값들이 우리 일상생활에서 접할 수 있는 범위를 넘어가면 상상이 잘되지 않습니다. 이런 경우는 상대적으로 비교하면 이해가 잘되거나 머리 속으로 그림이 잘 그려집니다. 우리 몸을 아프게 하는 경우를 보면 미생물이 우리 몸에 침입을 한다고 합니다. 우리 몸이 워낙 다양하니 우리 몸을 침입하는 것도 다양합니다만 그 중 흔한 우리 몸의 세포 밖에서 세포 안쪽으로 들어오는 것을 생각해 보도록 하겠습니다. 이렇게 세포 안으로 세균들이 침입해 오면 여러가지 문제를 일으키지만 가장 단순하게 세균들이 우리 몸 세포안을 헤집고 다녀 세포를 터트려 버리는 경우도 많이 있습니다. 둘 다 물리적으로 크기를 가지고 있으니까요.

사실 크기를 비교하기가 어려운데 세균 하나의 크기가 일반 사람 크기라고 생각하면, 우리의 몸 세포 하나를 10~20층짜리 아파트의 크기라고 가정하면 될 것 같습니다. 물론, 집의 크기가 다양하여 단층집 같은 크기의 세포도 있고 10층짜리 아파트 크기의 세포도 있고 20층짜리 아파트 크기의 세포도 있을 수 있습니다. 하지만 대략적인 비유를 하자면 그렇습니다. 세균은 들어와서는 안되는 남의 집에 강제로 문을 열고 난입한 것입니다. 재미있는 것이 박테리아에 침입해서 박테리아를 죽이는 바이러스 역시 비슷합니다. 바이러스가 사람의 크기라고 가정하면 박테리아는 건물 한 채의 크기라고 생각하면 될 것입니다.

자, 지금까지 우리는 길게 미생물이란 무엇인지를 다양한 관점에서 살펴봤습니다. 이제, 이러한 미생물에 대해 공부하고 인간이 관심을 가지게 된 이유에 대해 이야기해보도록 합시다.

2

사람들은 왜 미생물에 관심을 가지게 되었을까?

| 미생물학의 출발 |

눈에 보이지 않는 작은 생명체를 미생물이라고 합니다. 눈에 보이지도 않는 미생물에 사람들은 오랫동안 관심을 가졌고 궁금해하였으며 미생물학이라는 학문 분야까지 만들었습니다. 그러면 사람들은 왜 미생물에 대해 궁금해하였을까요?

학문은 대략 두 가지 관점에서 시작됩니다. 신과의 대결과 잔머리라고 이야기할 수 있겠네요. 첫 번째는 사람들이 알지 못하는 것에 대한 경외와 그 경외에 대한 도전에서 출발합니다. 이러한 경외를 단순히 믿어버리면 신학 및 종교의 길을 가는 것이고, 경외하는 대상의 원리를 인간의 논리로 이해하려는 길로 가면 과학의 길이 시작되는 것입니다. 그렇기 때문에 과학은 종교와 대척점에 있으며 질적인 믿음을 기반으로 하는 신에 대한 도전으로 규정할 수 있습니다. 알지 못하는 것에 대한 경외와 인간적 도전이 과학의 두 토대가 되는 것입니다. 신이 만들었다고 믿는 세상에 대한 인간의 배짱 있는 도전이라고나 할까요?

또 하나의 시작점은 사람들의 삶을 개선하고자 하는 노력입니다. 모르는 것을 알아가기 위해 개개인들 혹은 인간집단의 삶을 좀 더 편하게 만들고자 하는 극히 이기적인 이유입니다. 이기적이라는 말이 마음에 들지 않나요? 그러면…… 극히 자기중심적인 이유라고 하지요.

미생물에 관한 호기심과 연구도 비슷한 이유에서 비롯되었다고 생각합니다. 인간들은 스스로가 생명체라는 자각을 가지게 되고 자기 스스로 생명을 유지하기 위해서는 다른 생명체를 먹어야 합니다. 또한 이러한 생명체들은 끊임없이 태어나고 죽음을 맞이하게 되며(혹은 반복한다고 믿거나) 스스로 언젠가는 죽게 되고, 자손을 만들어 새로운 생명을 창조하기도 합니다. 이러한 삶이라는 것에 눈을 뜨고, 동시에 삶과 손을 잡고 다니는 죽음을 인식하게 되었습니다. 살아 있다는 것, 즉 생명에 대해 무서움과 환희를 가지고 생명을 경외하게 되었을 것으로 생각합니다. 또한, 우리가 사는 주변은 끊임없이 변화합니다. 사람이 먹어야 하는 음식이 시간이 지나면 썩고 변하는 것을 목격하게 됩니다. 죽은 생명체인 먹을 것이 변한다면 사람이 인식할 수 없는 무엇인가가 변화를 만들고 있다고 생각할 수 있습니다.

사람이 죽음을 맞이하거나 고통을 받게 되면 그 원인을 찾게 됩니다. 저 친구는 왜 죽었을까? 어떻게 하면 나는 저렇게 죽지 않을까? 자…… 옛날 우리 조상들이 살던 시대라고 상상하며 사람들이 죽고 아픈 이유를 그들은 어떻게 생각하였을지 우리도 생각해 봅니다. 눈에 당장 보이는 것으로 상처가 심하게 나고 뼈가 부러지고 살이 찢기며 피가 많이 나면 죽습니다. 그다음, 먹을 것이 없어 오랫동안 굶으면 죽습니다. 그리고 태어나서 오랜 시간이 지나면 점점 기력이 쇠해지면서 죽게 됩니다. 그런데 살다 보니 멀쩡하게 잘 살던 사람이 갑자기 아파서 죽기도 합니다. 그리고 갑자기 살이 썩어들어 가고 배가 아프고 미친 듯이 설사를 하고 토하다가 열이 나서 죽기도 합니다. 또 정신없이 기침하다가 피를 토하며 죽기도 합니다. 혼자 아프기도 하지만 같이 사는 사람들이 집단으로 이러한 현상을 보이기도 합니다. 귀신에 쓰였거나 저주받은 것일까요? 네, 여러분은 지금 샤머니즘과 종교의 길에 들어섰습니다. 아니면, 혹시…… 우리가 모르는, 우리 눈에 보이지 않는, 살아 있는 무엇인가가 우리 몸에 들어와서 괴롭히고 있는 것은 아닐까요? 네, 축하합니다. 원시 SF 작가로 등단하셨습니다. 그리고 기록만 잘 남기신다면, 훗날 미생물학의 창시자로 추앙받으실 겁니다.

미생물에 관한 연구는 이러한 생명에 대한 경외와 그 근원을 찾으려는 노력, 그 와중에 우리 눈에 보이지는 않으나 어떤 생명체가 존재한다고밖에 믿을 수 없는 관찰들에서 출발하였습니다. 그리고 그 궁금증을 해결하면 사람들이 죽음을 극복하고 아프지 않거나 음식을 먹을 수 있는 상태로 조금 더 오래

보관하고자 하는 노력에서 발전하였습니다.

그래서 미생물에 관한 근대 체계적 학문연구는 생명에 대한 정의에서부터 시작합니다. 그리고 드디어 눈으로는 보이지 않았던 미생물을 도구를 이용해 우리 눈으로 직접 관찰하면서 본격적으로 나가게 됐습니다. 1965년 로버트 훅(Robert Hooke)이 눈에 보이지는 않지만, 생명체의 가장 기본 단위는 '작은 방'이라는 뜻을 가진 'Cell'이라고 정의하면서(의견을 제시하면서) 생물학과 미생물학이 태동하기 시작합니다. 그리고 돋보기를 가지고 그동안 보이지 않았던 미생물을 관찰하고 관찰 결과를 『마이크로그라피아(Micrographia)』라는 책으로 출간하면서 미생물학이 본격적으로 체계를 갖추기 시작하였습니다. 그 후 네덜란드의 의사인 안톤 판 레벤후크(Anton Van Leeuwenhoek)가 단순한 돋보기가 아닌 최초의 실험기구로서의 현미경을 만듭니다. 그리고 각종 질병에 걸린 피 혹은 고름들을 관측하며 그 안에서 미생물을 관찰하여 본격적으로 미생물학자가 탄생하게 됩니다. 레벤후크는 모든 미생물학자가 존경해 이분의 이름을 딴 학술지까지 만들었습니다. 그리고 지금도 매우 유명한 학술지로 발간되고 있습니다. 하지만 조심하세요. 이분은 병원성 질병을 열심히 연구하던 도중 연구대상인 질병에 걸려 돌아가셨답니다. 결국 병원성 미생물연구의 위험까지 몸소 보여주셨답니다.

| 내 맘대로의 미생물 구분: 좋은 놈, 나쁜 놈, 이상한 놈 그리고 말 잘 듣는 놈 |

미생물을 구분하는 방법은 많이 있습니다. 미생물을 구분하는 것은 사람들의 관점에서, 우리가 편해지자고 분류하는 것이기 때문에 결국 학문의 발전과 편의성에 따라 다양하게 구분하고 있습니다. 지금은 미생물을 크기와 생물학적 생활방식의 차이에 따라 바이러스, 박테리아와 원생생물로 나누고 있습니다. 그리고 지금 이 책에서는 대부분 세균 즉, 박테리아에 대해 이야기하고 있습니다. 세균들도 사람들이 다양하게 나누곤 합니다. 우리의 건강을 위해 꼭 챙겨 먹는 유산균, 식품위생의 지표생물인 장내 세균 등 기능성에 따라 나누기도 하고, 미생물 염색실험 결과에 따라 그람 양성(Gram positive)과 그람 음성(Gram negative)균으로 나누기도 합니다.

하지만 이 책에서는 좀 다른 기준으로 미생물들을 나누어 이야기해 보려고 합니다. 혹시 영화 좋아하시나요? 제가 재미있게 봤던 한국 영화 중에 잘생긴 정우성 배우, 이제 세계적 스타인 이병헌 배우 그리고 진정한 국민 배우인 송강호 배우가 나오는 "좋은 놈, 나쁜 놈, 이상한 놈"이라는 영화가 있습니다. 세 명의 배우들이 각각의 역할을 맡아서 열연한 한국식 퓨전 웨스턴 영화였습니다. 사실 여기에는 한 명의 재미있는 역할이 더 있습니다. 이상한 놈으로 나오는 송강호 배우와 같이 움직이며 꽤 불쌍하게 당하는 캐릭터인 류승수 배우의 만길이라는 역할입니다. 불쌍한 이 역할에 이름을 붙이자면 '말 잘 듣는 놈' 정도라고 하겠습니다.

저도 인간과 함께 살아가는 이 수많은 미생물을 제 맘대로 나누어 보겠습니다. 좋은 놈, 나쁜 놈, 이상한 놈(사실 뭐 하는지 잘 모르겠는 놈) 그리고 말 잘 듣는 놈으로 말입니다.

| 나쁜 놈: 질병의 근원인 미생물 |

사람들이 미생물에 처음 관심을 가지게 되었던 것은 당연히 사람들을 괴롭히는 질병의 원인을 찾기 위함이고 또한 이를 극복해 건강하고 장수하기 위한 관심일 것입니다. 그리고 그러한 목적은 드디어 결실을 거두게 됩니다. 근대에 들어와서 현미경의 발명으로 미생물을 눈으로 보게 되고, 관찰 및 실험으로 미생물이 특정 질병의 원인임을 알게 됩니다. 나쁜 놈들이지요. 맞습니다. 우리는 나쁜 미생물을 찾아왔던 것입니다.

원시시대부터 인간은 죽음에 대한 공포를 가지고 있었습니다. 인간은 지성을 가진 존재로서 그 원인에 관해 생각하고 연구해 죽음을 극복하기 위해 다양한 노력을 해왔습니다. 죽음의 강을 건너 시간이 지난 뒤 다시 부활을 꿈꾸며 미이라를 만들기도 하였습니다. 다른 한편으로는 먹으면 불로장생할 수 있다는 불로초를 찾아 진시황은 온 세상을 뒤지기도 하였습니다. 질병, 노화 그리고 죽음은 인간에게는 늘 공포와 경외의 대상이었으며 동시에 거스를 수 없는 자연의 법칙이었습니다. 그리고 인간은 그것을 극복하기 위해 노력했고 그 노력은 지금도 계속되고 있습니다.

사람들이 고통을 받거나 죽음에 이르게 되는 원인은 몇 가지로 분류가 가능합니다. 먼저, 외상을 입어 신체의 특정 일부가 파손되거나 다량의 혈액을 잃었을 경우 사망에 이르게 됩니다. 중요한 인체의 일부가 그 기능을 잃어버려도 죽게 됩니다. 외상으로 기능을 잃어버릴 수도 있고 유전적으로 문제가 생겨 기능을 잃어버릴 수도 있습니다.

그리고 먹어야 될 것을 먹지 못하면 죽게 됩니다. 인체에 필요한 것이 공급되지 못하거나 들어와서는 안 되는 것이 들어오면 문제가 발생합니다. 생명현상을 일으키는 화학물질인 영양분을 제공하는 음식을 섭취하지 못한 경우 사람은 굶어 죽습니다. 대사물질은 아니지만 인체를 구성하는 물이 충분히 공급되지 못했을 때 사람들은 죽기도 합니다. 또한, 대사물질과 세포의 구성 성분은 아니지만 인체의 화학 반응을 조절하는 데 반드시 필요한 화학물질, 즉 비타민과 미네랄로 대표되는 기능성 성분들이 모자라도 사람은 죽을 수도 있습니다. 그리고 몸에 들어와서는 안되는 물질이 들어왔을 때 인체가 감당하지 못하거나 인체의 기본 생화학 반응이 방해를 받게 됩니다. 그러면 건강을 잃어버리거나 독극물 중독으로 죽게 됩니다. 반대로 너무 많이 먹어도 사람은 건강을 잃고 죽게 됩니다. 인체에 꼭 필요한 물도 너무 많이 먹으면 몸의 이온평형을 깨뜨려 목숨을 위태롭게 하고 생명 활동을 유지하는 기본적인 대사 물질인 영양성분을 너무 많이 섭취해도 인체에 문제를 일으킵니다. 현대에서 당뇨, 고혈압, 동맥경화증, 비만 등은 대사성 질환으로 고통받고 심하면 죽게 됩니다.

인체의 조절기능과 밸런스를 잃어버려도 생명이 위험합니다. 인체가 늘 일정한 농도로 가지고 있어야 하는 물질이 일정하게 유지되지 않으면 문제가 됩니다. 가령, 혈액 속에 산소 농도, pH, 각종 이온 농도가 일정하게 조절되지 않으면 위험합니다. 세포들은 주변 환경과의 조절기능, 특히 성장에 관한 조절기능을 잃어버리면 문제가 발생합니다. 암이 그러한 경우이지요. 인체의 기관들이 전체적인 조절기능을 잃어버려도 위험합니다. 면역기능이 전체적인 조화를 이루지 못하고 필요 이상으로 활동능력이 올라가 있으면 자기면역질환으로 각종 질병의 원인이 되고 심하면 사망에 이르게 됩니다. 그리고 외부에서 살아 있는 어떤 것이 우리 몸에 침입을 해서 몸의 세포를 파괴해도 사람은 죽게 됩니다.

원시시대의 인류라고 가정하고 생각해 봅시다. 아마 인간이 죽음을 맞이하게 되는 원인은 크게 다음 세 가지이지 않을까 합니다. 신체의 파손과 실혈에 따른 외상성 사망, 먹지 못하고 굶주려 죽는 영양실조에 따른 사망과 알지 못하는 원인에 의한 사망입니다. 이것들을 피하기 위해 자신을 보호하고 충분한 양질의 식량을 확보하였을 것입니다. 그러나 눈에 보이지 않는 원인으로 감염에 의한 사망은 인간들을 보이지 않는 것에 대한 공포와 자연이나 신에 대한 경외로 이끌었을 것입니다. 종교의 영역에서 (귀)신에 의한 징벌로 받아들이고 그에 순응하고 살았을 수 있습니다. 그러나 인간이 손을 쓸 수 없는 영역으로 받아들이는 것이 아닌 보이지 않는 무엇인가에 의한 침입으로 생각하고 원인을 찾아 맞서 싸웠을 수도 있습니다. 그렇게 미생물학이 시작됐고 끊임없는 노력의 결과로 만나게 된 아이들이 이 나쁜 놈들입니다. 네, 사람들을 아프게 하고 죽음으로 몰아넣는 병원성 세균들 말입니다.

보이지 않게 인간의 몸에 침입해서 질병을 일으키고 사망하게 하는 것을 찾기 위한 것에서 미생물의 연구가 시작됐습니다. 사람들이 믿는 것과 믿는 것을 증명하는 것은 다른 일입니다. 과학이 위대한 점은 단순하게 믿는 것이 아닌, 우리가 믿는 것을 누구나 동의할 수 있게 우리가 알고 있는 지식을 기반으로 실험을 통해 증명한다는 것입니다. 그리고 그 증명은 나만이 아닌 다른 사람들도 할 수 있어야 합니다. 물론, 전문적인 훈련을 받아야 하지만요. 이러한 실증적 증명을 통해 믿음을 생활 속 현실로 끌어들이고 구현화 하여 우리의 생활을 개선하는데, 아니 조금 더 직설적으로 이야기하면, 우리 마음대로 바꾸어 나가는 데 사용하고 있지요. 이러한 것이 가장 잘 나타나는 곳이 생물학, 약학, 의학 분야가 아닐까 싶습니다. 이렇게 우리를 아프게 하는 나쁜 놈들의 실체를 밝히고 누구도 인정하게끔 증명하는 방법의 큰 틀을 만든 사람이 독일의 위대한 병원 미생물학자 로버트 코흐(Robert Koch)입니다. 19세기 후반에서 20세기 초반까지 미생물학의 기틀을 만들고 미생물학의 전성시대를 열기 시작한 삼총사가 있습니다. 그 중 독일을 대표하는 근엄한 미생물학자이자 병원성 미생물학, 실험미생물학의 기틀을 잡은 사람이 코흐 박사입니다. 네, 이분 덕에 이제 우리를 아프게 하고 여차하면 죽이기까지 하는 나쁜 놈들을 찾았습니다.

그러나 몇 가지 병원성 미생물에 대해 알아야 할 것이 있습니다. 우선, 이 아이들도 원래부터 나쁜 아이들은 아니었습니다. 다 커가는 와중에 주변에서 나쁜 친구들의 영향을 받아서…… 아…… 뭔가, 드라마에서 많이 들었던 진부한 이야기 같지요? 하지만 틀린 이야기는 아닙니다. 나쁜 친구들에게 나쁜 것을 배워서 나쁜 아이들이 된 경우도 있습니다. 자, 좀 더 자세히 알아봅시다.

먼저 병원성 미생물은 우리를 아프게 하려는 의지는 없다고 생각됩니다. 그냥 그 아이들도 자신이 가장 살기 좋은 환경에서 열심히 살다 보니까, 어쩌다 보니 우리들이 맛있는 레스토랑이, 포근한 호텔이 된 것뿐입니다. 마치 우리가 맛있고 키우기 쉬워서 늘 곁에 두고 먹을 수 있는 것을 찾다 보니 불쌍한 돼지들과 소들이 인간의 가축이 된 것과 비슷하다고 생각하면 되겠습니다. 우리에게는 그 아이들이 병원성 미생물이지만 그 아이들에게는 우리들이 맛있고 훌륭한 의식주를 제공할 뿐입니다. 그래서 이런 아이들로부터 우리가 질병이 걸렸을 때는 또 사정없이 이 아이들을 응징하지요. 둘 중에 하나는 죽어야 다른 하나가 살수 있는 공존할 수 없는 사생결단의 관계입니다.

이러한 병원성 미생물은 능동적인 아이들과 수동적인 아이들이 있습니다. 튼튼한 담벼락이 있고 문을 잘 지키고 있으면 안으로 들어오지 못하고 문 밖에서 기회만을 보고 있는 미생물이 바로 수동적인 아이들입니다. 반면 벽을 부수고 침입하거나, 문을 지키는 경비원들을 속이고 당당하게 검문소를 통과해 들어오는 무서운 능동적인 아이들도 있습니다. 세포막을 스스로 뚫고 들어올 수도 있고(lysis), 세포막을 밀고 세포막과 같이 들어올 수도 있고(endocytosis), 아예 열쇠를 가지고 있어 세포막의 특정 구조물에 결합해 들어올 수도 있습니다. 우리와 미생물의 싸움 최전방에는 전쟁에서 GP나 GOP와 같이 외부의 미생물을 관측하고 주변의 미생물들을 먹어서 소화시켜 죽이기도 하고 때로는 포로로 잡아 그들의 특징을 온 몸의 면역 시스템에 전달하는 역할을 하는 면역 세포가 있습니다. 어떤 미생물은 당당하게 여기를 통과해 우리 몸속으로 침입하기도 합니다. 이렇게 능동적인 침입능력과 우리 몸의 공격에서 버티는 능력을 독성(virulence)이라고 합니다. 이런 독성인자(virulence factor)를 가지고 있는 아이들은 무서운 아이들이지요.

이 무서운 아이들은 어디서 나쁜 걸 배워서 나쁜 아이들이 됐을까요? 초기의 시작은 잘 모르겠습니다. 인류 최초의 악이 어떻게 시작되었는지 모른 것과 같이 아직은 잘 모르겠습니다. 아! 뱀에게서 배웠다는 이야기는 빼겠습니다. 그건 신학이니까요. 과학자들은 '아마 진화의 과정에서 형성되지 않았을까?'라고 생각하고 있습니다. 하지만 그 능력이 어떻게 확산하는 지는 알고 있습니다. 네, 나쁜 친구들에게서 배운 것이 맞습니다. 미생물의 이러한 능동적 침입 능력은 미생물의 유전자에 들어가 있습니다. 인간의 나쁜 능력이 유전자에 존재한다고 하면 끔찍하니까 믿고 싶지는 않지만, 미생물의 모든 능력은 전부 유전자에 정보로 각인되어 있습니다. 이러한 능력에 관한 정보를 가진 유전자가 한 녀석에서 다른 녀석으로 전달된 것입니다. 미생물의 세계에서는 유전자는 물리적으로 하나의 생명체에서 다른 생명체로 이동합니다. 이동된 유전자는 때로는 무서운 능력을 발휘하게 됩니다. 이러한 능력을 가지게 된 미생물은 자연의 진화론인 자연선택을 통해 우점종이 되며 진화에 성공하게 됩니다. 이러한 과정이 새로운 병원성 미생물과 항생제 내성 미생물의 탄생입니다. 이러한 유전자의 이동은 플라스미드(conjugated plasmid)에 의하여 일어난다고 알려져 있습니다. 사실 동일한 종(species)에서의 유전자 이동은 매우 흔한 일입니다. 2n체를 가지는 생명체들이 감수분열 후 생식세포들의 수정(mating) 과정에서 유전자가 섞이는 과정(recombination)은 유전자의 다양성 확보를 위해 당연히 발생합니다. 하지만 이러한 과정은 다음 세대에서 유전자 교환의 결과가 나타난다고 해서 수직적 유전자 이동(vertical gene transfer)이라고 합니다.

수정을 하지 않는 미생물의 경우 유전적 다양성 확보를 위해 동일한 종(species)간의 유전자 이동은 생각 외로 흔하게 일어납니다. 여기에 동일한 종을 넘어서 서로 다른 이종 간의 유전자 이동을 우리는 수평적 유전자 이동(horizontal gene transfer)이라고 합니다(혹은 lateral gene transfer라고도 합니다). 미생물의 세계에서 흔하지는 않지만, 그렇다고 자연에서 발생하지 않는다고는 이야기하기 힘듭니다. 흔한 가요? 생각 외로 흔할 수도 있겠습니다. 일반적으로 미생물에서 이종 간의 유전자 교류는 꽤나 흔하다는 증거들이 많이 밝혀지고 있습니다. 이제는 미생물을 넘어서 진핵 세포에서도 이러한 이종 간의 유전자 전달이 발생하고 식물과 동물에서도 가능하다는 증거들이 나오고 있습니다. 미생물의 경우에는 서로 다른 종(species)을 넘어 서로 다른 속(genus)간에도 가능합니다. 대표적인 나쁜 친구의 영향을 받은 아이가 대장균 중 무시무시한 장출혈성 대장균(EHEC)입니다. *E. coli* O157:H7으로 대표되는 이 친구는 일반적인 대장균은 가지고 있지 않은 세포를 용해할 수 있는 시가 톡신(Shiga toxin)을 만들어 내는 능력을 가지고 있습니다. 이 능력은 더 무시무시한 이질균(*Shigella dysenteriae*)으로부터 전달받아 나쁜 아이가 됐습니다. 이러한 서로 다른 속간의 수평적 유전자의 이동은 주로 바이러스를 통해 이루어진다고 생각되고 있습

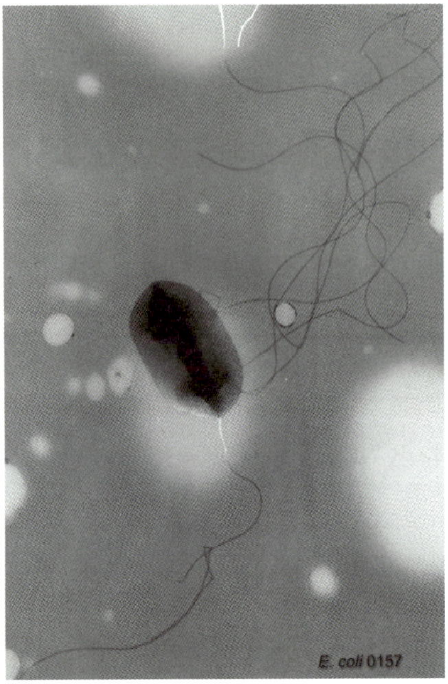

O-157(E. coli O157 : H7)은 시가 톡신을 가진 대장균으로 감염시 심한 급성 출혈성 설사와 복부 경련을 일으킬 수 있다.(출처: wikipedia)

니다. 바이러스도 참 바쁘고 오지랖이 넓습니다. 바이러스의 생활상을 보면 생물학적으로 참 이해 안되는 점들이 많이 있습니다. 도대체 지구상에 바이러스가 왜 나타났는지도 의문이니까요. 분명 박테리아에서 바이러스로 '진화' 한 것인데 말입니다.

마지막으로 한 가지 더 알아야 될 것이 있습니다. 병원성(Pathogenicity)이나 독성(virulence)을 가지지 않아 병원성 미생물이 아니라고 하더라도 모든 미생물은 인간을 죽일 수 있습니다. 아무리 착한 친구들이라고 하더라도 남의 집에 함부로 들어오면 나쁜 놈이 되는 겁니다. 일반적으로 병원성 미생물이 아니면 우리의 몸 안쪽으로 침입하기는 쉽지 않습니다. 여기서 몸 안쪽이라 함은 피가 흘러 다니는 진짜 우리 몸 안쪽을 이야기합니다. 우리가 음식을 먹고 소화시키는 소화기, 즉 음식이 흘러 다니는 공간은 우리의 몸 안쪽이 아닌 바깥쪽입니다. 우리의 몸은 기하학적으로 튜브와 같이 생겼습니다. 관용적으로 위나 소장, 대장 등 음식을 먹으면 우리 몸 안쪽으로 들어온다고 하지만 엄격한 의미로 우리 몸 바깥쪽입니다. 소장 표면, 위 점막 등은 우리의 피부와 같은 공간입니다. 음식은 결코 우리의 몸 안쪽으로 들어올 수 없고 들어오지도 않습니다. 음식이 분해되고 영양소가 되어, 우리들은 영양소를 우리 몸 안쪽으로 받아들이는 겁니다. 우리의 진짜 몸 안 쪽은 완전히 무균상태로 미생물이 전혀 없는 공간입니다. 이 공간에 미생물이 들어오면 그 미생물이 좋든 나쁘든 병원성이든 건강에 좋다고 하는 유산균이든 모두 인간을 죽일 수 있습니다.

우리 몸은 강력한 방어 시스템을 가지고 있어 들어오는 족족 전부 다 죽여버립니다. 어디에 가두거나 추방 시키는 일은 없습니다. 다 죽여 버립니다. 하지만 너무 많이 들어오거나 면역 시스템이 약화되어 있는 경우라면 심각한 문제가 됩니다.

실제 건강에 좋다는 유산균 감염으로 사람들이 죽기도 합니다. 한 두 번, 한 두 명이 아니라 이상발생(outbreak)이라고 하는 집단 발병이 발생했었습니다. 그것도 몇 번이나요. 감염된 사람들은 유산균이 뇌로 올라가서 뇌에 염증

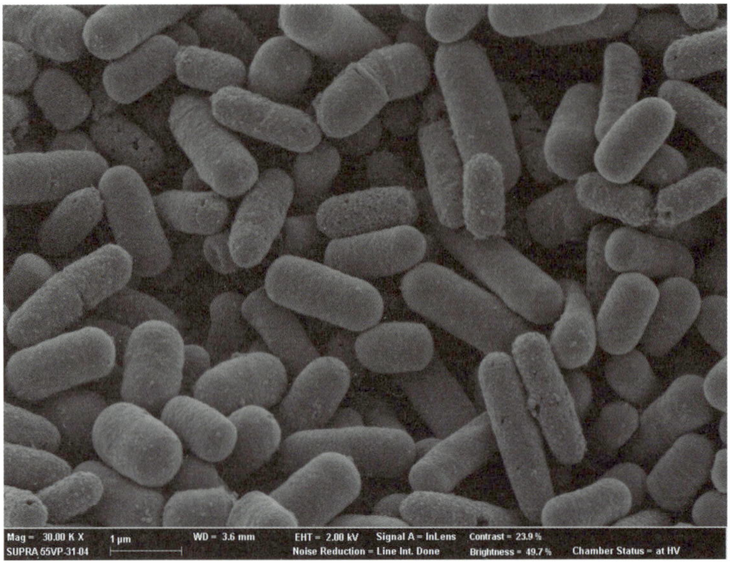

유산균의 전자현미경 사진 유산균은 막대 모양입니다. 이 사진에는 네 가지의 유산균이 함께 있습니다. 유산균은 이분법 분열(binary fission)로 증식합니다. 분열하기 직전 세포의 크기는 갓 태어난 세포보다 두 배 큽니다.(출처: SPC 식품생명공학연구소)

을 일으켜 결국 사망에 이르게 됐습니다. 물론 치료법은 있습니다. 간단한 항생제 처방으로 대부분 치료가 가능합니다만, 문제는 적절한 항생제를 적절한 용량으로 빠른 타이밍에 사용해야 한다는 점입니다. 그리고 발병 환자들은 몇 가지 이유로 면역기능이 심각하게 떨어져 있는 입원 환자들이었습니다. 이 모든 것이 한꺼번에 뭉쳐서 사망사고가 발생한 것입니다.

미생물에서 그냥 착하기만 한 녀석들은 없습니다. 우리 몸에 함부로 들어오는 녀석들은 무조건 나쁜 놈들입니다.

생물체의 명명법: 생물체를 구분하기 위하여 속(genus)과 종(species)의 이름을 동시에 사용합니다. 인류의 학술명이 호모 사피엔스(*Homo sapiens*)인데 호모는 사람속을 지칭하고, 사피엔스는 종의 이름입니다. 유인원인 호모 에렉투스(*Homo erectus*)는 인류와 속 이름은 같지만 종이 다릅니다. 미생물의 이름도 종과 속의 이름 체제를 사용하고 이탤릭체로 표현합니다. 빵 효모의 학명은 사카로마이세스 세레비지에(*Saccharomyces cerevisiae*)인데, *Saccharomyces*는 속 이름이고 *cerevisiae*는 종 이름인 것입니다. 학술논문을 작성할 경우, 같은 미생물이 반복적으로 나오기 때문에 긴 이름을 사용하기가 불편하여 속의 이름을 첫 글자만 사용합니다. 즉, *Saccharomyces cerevisiae*를 *S. cerevisiae*으로 줄여서 사용하는 것입니다.

| 좋은 놈: 식품 미생물 |

미생물 중에는 좋은 녀석들도 있습니다. 좋다 나쁘다고 판단하는 것은 주관적 판단이지요. 그러면 여기서는 우리 인간들에게 좋은 녀석들이 되겠습니다. 인간들에게 좋다라는 것은 어떤 것이 있을까요? 좋다, 도움이 된다, 원하는 것을 해준다, 뭐 이런 것들 일 것 같습니다. 저는 맛있는 음식을 사주는 친구가 좋더라구요. 미생물 중에서도 우리에게 맛있는 것을 주는 친구들이 있을까요?

네, 있습니다. 우리는 그들을 식품 미생물이라고 부르고 저는 '좋은 녀석들'이라고도 부릅니다.

우리가 먹는 음식들은 결국 다른 생명체라고 하였습니다. 그리고 그 생명체 또한 미생물과 같이 살던 생명체입니다. 그리고 음식을 준비하는 과정 역시 미생물이 존재하는 환경에서 이루어집니다. 이를 종합하면 우리가 음식을 먹는 행위를 한다면 음식에는 반드시 미생물이 존재하고 이 미생물들을 동시에 같이 섭취하게 됩니다. 뒤에서 이야기할 '이상한 놈들'의 장내 미생물 기원이 바로 음식입니다. 음식 혹은 음식의 재료에는 미생물이 존재합니다. 미생물은 자기가 존재하는 환경에서 최선을 다하여 생명체로서의 본분을 수행합니다. 대사 과정을 진행하고 숫자를 늘려갑니다. 이런 과정에 미생물도 먹고 살기 위하여 주변 환경에 존재하는 유기물을 분해하고, 또 대사과정의 결과물로 주변 유기물이 분해되기도 합니다. 미생물을 비롯한 생물은 생존의 증거로 주변 환경을 변화시킵니다. 일반적으로 미생물이 주변 환경을 변화시킨 것을 썩었다 또는 부패했다고 이야기합니다. 우리 인간들이 별로 좋아하지 않는 쪽으로 변화했기 때문입니다. 주변의 미생물 중 워낙 나쁜 놈, 병원성 미생물이 많고 주의를 기울여야 하기에 인간들은 본능적으로 미생물에 의한 변화를 부정적인 쪽으로 받아들이는 경우가 많습니다. 생명체의 진화과정 중 본능에 각인된 것일 수도 있습니다. 하지만 미생물에 의한 음식 또는 식재료의 변화가 우리가 좋아하고 즐기는 방향으로만 진행된다면 우리는 그 원인이 되는 미생물을 식품 미생물이라고 일컫고 그 변화의 과정을 발효라고 합니다.

미생물에 의한 유기물의 변화 즉, 미생물과 우리의 식재료와의 상호관계를 먹는 우리들의 입장에서 보면 세 가지로 진행됩니다. 첫 번째는 병원성 미생물이 우리의 식재료에 들어와 생명 활동을 하는 경우입니다. 이 경우 식재료 변화의 방향과 상관없이 우리에게 나쁜 영향을 끼치게 됩니다. 미생물 중 '나쁜 놈들'이 식품에 들어온 것이지요. 이 경우를 우리는 감염(infection)이라고 합니다.

두 번째, 일반 미생물이 식재료에 들어와 식품을 변화시키는데 그 변화의 방향이 우리가 매우 싫어 하는 방향입니다. 다음번에 이야기할 '이상한 놈들'이 들어와서 괜히 우리가 먹는 음식에 난장을 핍니다. 이러한 경우를 부패(putrefaction)라고 합니다. 부패에는 두 가지 특성이 있습니다. 하나는 우리가 그 결과물을 음식으로 매우 싫어한다는 것입니다. 둘은 그 음식물에 과량의 미생물이 존재한다는 것입니다. 그러나 일반적으로 부패한 음식과 그 안에 있는 미생물은 그 자체로는 우리의 건강을 능동적으로 해치지는 않습니다.

조금 이상한가요? 그렇다면 좀 지저분한 예를 하나 들겠습니다. 우리가 음식을 먹으면 그 음식들은 우리의 소화기에서 소화와 흡수 과정을 겪으며 이동합니다. 음식의 잔유물이 소장과 대장을 지나면서 장내 미생물과 접촉하고 장내 미생물의 생존을 위하여 변화를 겪게 됩니다. 그 변화방향은 절대적으로 우리가 좋아하는 방향이 아닙니다. 그 소장과 대장을 지나면서 장내 미생물에 의하여 만들어지는 변화의 최종 산물을 생각해 보십시요. 절대적으로 우리가 좋아하는 방향의 변화가 아닙니다. 하지만 그것들은 우리의 소화기(digestive system)인 소장과 대장을 아무일 없이 지나갑니다. 우리의 건강을 능동적으로 해치지 않고 하루에도 몇 번을 지나갑니다. 하지만 음식으로써 부패된 것을 먹었을 경우 능동적이지는 않지만 다른 방향으로 우라들의 건강을 헤칩니다. 우선 감당하기 어려운 과량의 미생물이 우리의 소화기 안으로 들어오게 됩니다. 그리고 우리가 이미 가지고 있으며 안정적으로 유지되는 미생물 집단, 균형 잡힌 장내 미생물 균총을 파괴합니다. 이렇게 균형이 파괴되어 격렬한 변화가 진행되는 동안 우리 몸의 장내 미생물 균총은 우리 몸에 영향을 주며 그 결과로 우리가 원하지 않는 현상을 일으킬 수 있습니다. 설사를 유발 한다든지 면역시스템을 자극하여 염증을 일으키곤 합니다. 감염과 부패는 모두 우리를 괴롭힐 수 있지만 그 과정과 작용 방법은 다릅니다.

마지막으로 식품 미생물인 '좋은 놈들'이 식재료에 들어와 우리가 좋아하는 방향으로 변화를 일으키는 것입니다. 이 경우를 우리는 발효(fermentation)라고 합니다. 식품 미생물과 그들이 일으키는 변화도 몇 가지 조건이 있습니다. 먼저 식품의 변화는 상당히 주관적입니다. 누구는 좋다고 먹는 것이 누구에게는 이해되지 않는 고약한 것일 수도 있습니다(이해는 안되지만, 누구는 술이 그렇다고 하더군요……). 두 번째로 식품 미생물은 우리 소화기로 들어가 진행되는 동안 우리 몸에 나쁜 영향을 끼치면 안됩니다. 병원성 미생물과 같은 독성이 없어야 합니다. 식품 미생물의 무독성은 오랜 시간, 인간의 역사 속에서 검증된 경우가 대부분입니다. 식품 미생물은 우리가 늘 먹어왔던 음식 속에 들어 있는 것을 의미합니다. 또 하나, 부패균과 같은 경우가 없어야 합니다.

부패균과 다르게 우리의 건강에 나쁜 영향을 끼치지 않으려면 두 가지의 경우에 가능할 것으로 생각하고 있습니다. 먼저, 식품 미생물이 장내 미생물 균총을 건드리지 않고 이동하는 것입니다. 다시 말해 식품 미생물이 소장이나 대장에서 정착하지 않고 음식과 함께 씻겨 나가면 됩니다. 대표적으로 술을 만들어주는 효모(*S. cerevisiae*)가 그렇습니다. 일반적으로 효모들은 장내에 콜로니를 만들어 정착을 하지 않습니다. 만일 장내 미생물과 섞여 정착하는 경우가 발생하면 역시 설사를 유발할 가능성이 커집니다. 두 번째 가능성은 식품 미생물이 너무나 자연스럽게 장내 미생물 균총에 섞여 들어가는 것입니다. 식품과 함께 들어간 식품 미생물이 장내 미생물 균총의 정상적인 미생물 균총으로 인식된다면 장내 미생물 균총의 평형상태를 뒤흔들 정도는 아닐 것입니다. 아마 유산균 발효유에 있는 유산균이 한국인의 사랑인 김치에 있는 유산균들이 해당되지 않을까 합니다.

저는 '착한 놈들'인 식품 미생물을 식품을 발효하고 그 후 식품과 함께 우리의 소화기(digestive system)로 들어오는 녀석들만 골랐습니다. 이 착한 녀석들은 우리의 소화기 안에서 다음에 나오는 '이상한 놈들'과 섞여서 같이 놀게 됩니다. 그리고 우리 몸에 영향을 주고받게 될 것입니다. 식품 미생물 중 어떤 식품을 만들고 사라져서 우리 소화기로 들어오지 않는 녀석들도 있습니다. 빵을 만드는 효모 들이나 술을 만들기는 하는데 증류주에 해당되는 경우들이 있을 수 있습니다. 저는 이런 녀석들은 따로 모으려고 합니다. '말 잘 듣는 녀석들'로 말입니다.

| 이상한 놈: 우리의 정체 모를 동거자 |

그 다음으로 이야기하려는 미생물은 '이상한 놈들' 입니다. 이 아이들은 간단하게 우리 몸 표면에 붙어서 함께 살고 있는 미생물 전체를 이야기합니다. 그 중 특히 우리의 소화기 중 소장과 대장에 있는 장내 미생물(intestinal microbiota)이 인간 미생물(human microbiome)의 막대한 양을 차지하고 있습니다. 우리와 동거하는 이 녀석들에 대한 자세한 이야기는 뒤에서 할 예정인데 이 녀석들, 진짜 이상합니다.

엄마 뱃속에 있을 때 우리 몸은 미생물이 한 마리도 없어 완전 무균상태로 태어납니다. 그러나 엄마 뱃속을 나와 세상에 던져지는 그 순간부터 어디서인지 미생물들이 우리 몸에 자리를 잡고 자라기 시작합니다. 미루어 짐작만 할 뿐 도무지 어디 출신인지도 모를 녀석들이 우리 몸 전체를 뒤덮고 허락도 안 했는데 같이 살자고 합니다. 심지어 양도 많습니다. 우리 몸을 이루는 세포 하나하나를 다 더한 숫자 보다 더 많은 숫자의 미생물이 있다고 합니다. 게다가 종류도 많습니다. 얼마나 다양한 종류가 있는지는 아직도 잘 모릅니다. 뭘 하는지도 아직 확실하게는 잘 모르겠습니다. 조용히 자기들끼리 모여서 집단을 이루고 살고 있는가 보다 했는데 우리 몸과 엄청 치열하게 눈치보고 싸우고 합니다. 하지만 우리 몸의 면역 시스템이 가만히 보고만 있는 것 같지는 않습니다. 그렇다고 이 아이들이 우리 몸을 크게 능동적으로 괴롭히는 것도 아닙니다. 하지만 자기들끼리 균형을 잡고 평형상태를 이루고 있는 것이 깨지면 난리가 납니다. 그리고 우리 몸에도 영향을 줍니다. 자기들이 전쟁 중의 난리통이라고요.

그러나 이 이상한 아이들은 우리가 살아가는 데 없어서는 안 될 존재입니다. 이 아이들이 없으면, 우리가 심각한 문제에 직면하게 됩니다. 재미있지 않습니까? 잘 모르는 이상한 녀석들인데 평생 같이 살며 없어서는 안되는 녀석들이라는 것이요.

| 말 잘 듣는 놈: 미생물 생명공학 |

우리를 괴롭히는 '나쁜 놈들'과 뭔가 잘 모르겠는 '이상한 녀석들'이 있는 방면, 미생물 중에는 엄청 '말 잘 듣는 놈들'도 있습니다. 인간들은 대단합니다. 야생동물을 길들여 가축으로 만든 후 그 고기를 먹고 그 노동력을 인간을 위해 사용하도록 만들었습니다. 식물도 품종을 개량하여 우리 마음대로 결혼시켜 새로운 종을 만들었습니다. 우리가 원하는 것을 더 많이 생산하게 하려고 말입니다. 더 큰 과일, 더 많은 알곡 등등 인간들 마음대로 키우고 있습니다. 그리고 이제는 미생물들마저 길들였습니다. 미생물들이 우리가 원하는 것을 우리가 원하는 방식으로 생산하게 말입니다.

말 잘 듣는 녀석들은 산업(industry)과 연결이 되어 있습니다. 우리가 원하는 것 만을 가장 빠르고 많이, 최대 생산성과 수율을 목표로 미생물들을 조절합니다. 산업적인 생산을 위하여는 공학(engineering)이 필요합니다. 공학은 수학적

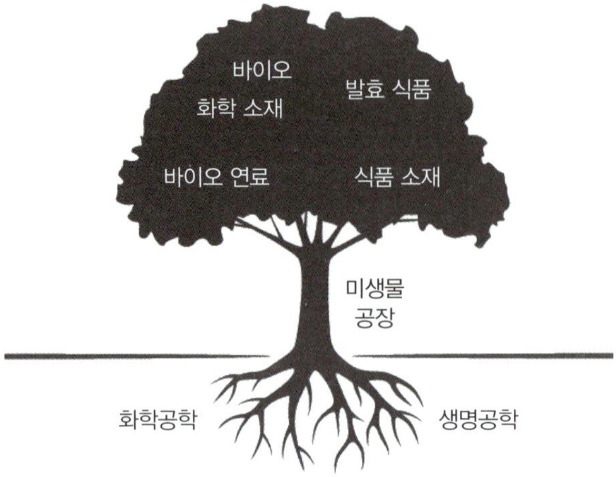

화학공학과 생명공학을 바탕으로 만든 미생물공장화기술은 식품산업, 화학산업, 바이오산업에 활용되고 있다.

공식을 통해 예측을 하고 예측을 달성하기 위하여 대상을 제어합니다. 미생물의 산업적 이용은 미생물을 우리가 원하는 공정에서 원하는 방식으로 계획한 만큼 자라고 생산하여야 합니다. 진짜 말 잘 듣는 놈들이 필요합니다.

대표적으로 식품분야에서 생물 미생학을 사용하여 왔습니다. 그냥 음식을 조리하는 것은 개인의 마음대로 넓은 오차를 가지고 수행하면 되지만 산업으로써의 식품생산은 높은 재현성을 가지고 공학적 프로세스 안에서 움직여야 합니다. 식품 미생물이 우리에게 좋은 방향으로 식재료를 변형시키는 것을 발효라고 하였습니다. 그래서 일반 식품 미생물이 아닌 말 잘 듣는 산업용 균주를 이용하여 발효과정을 진행하는 것을 발효 공학이라 합니다. 예를 들면 술

만들기 같은 것이 있습니다. 그냥 개인이 혼자서 맛있게 먹을 술을 담글 때는 오늘 만든 술과 다음 주에 만들 술이 도수와 맛에서 차이가 나도 상관이 없습니다. 하지만 술을 대량으로 만들어 팔 때는 오늘, 다음 주, 1년 후에도 항상 일정한 수준의 질을 보장해야 합니다(품질 관리라고 하지요). 그러기 위해서는 술을 만드는 미생물을 내가 원하는 방식대로 잘 조절하여야 합니다. 그리고 미생물은 그 방식대로 잘 따라와야 합니다. '말 잘 듣는 놈'을 이용한 근대 발효공학의 대부는 루이 파스퇴르(Louis Pasteur)입니다. 파스퇴르는 20세기 천재 미생물학자 삼총사 중 프랑스 대표입니다. 그는 일정한 품질을 가진 포도주를 생산하기 위해 발효과정을 조절하는 법을 연구하였고, 이를 포도주 양조장에 팔았습니다. 컨설팅을 해준 것입니다. 그리고 미생물을 이용하여 만들어진 발효음료의 맛과 향을 보전하기 위해 저온 살균 방법도 개발하였습니다.

현대 미생물의 산업적 사용은 단순히 미생물이 우리가 원하는 방식으로 자랄 수 있게 발효과정을 조절하는 정도를 넘어섰습니다. 이제 인간은 미생물이 우리가 원하는 일을 할 수 있도록 개조하기도 합니다. 미생물이 가지고 있는 유전자를 망가뜨려 버리거나 가지고 있지 않은 유전자를 억지로 미생물 안에 집어넣기도 합니다. 그래서 원래는 불가능한 일을 하는 미생물을 만들기도 합니다. '말 잘 듣는 놈'을 넘어서 '시킨 것만 하는 놈'을 만들어낸 것입니다. 이제 미생물은 화학공학에서 합성하던 화합물을 만드는데도 사용되고 있습니다. 화합물 합성을 화학 반응이 아닌 미생물의 대사과정을 이용하는 분야가 형성되었습니다. 이러한 분야를 생물화학공학이라 합니다. 화학공학이나 생물을 가지고 하는 화학 공학의 의미입니다. 생물화학공학의 첫 개척분야가 바로 페니실린의 대량 생산입니다(논란의 여지가 조금 있을 수 있습니다. 에탄올의 산업적 대량 생산이 먼저 있었기 때문입니다). 페니실린의 대량생산에는 영국의 알랙산더 플레밍(Alexander Flaming)이 페니실린을 발견하고 하워드 플로리(Howard Florey)가 미국에서 산업화에 큰 공헌을 하였습니다. 네, 미생물학자 삼총사 중 영국 대표인 플레밍입니다. 페니실린의 생산은 초기 플레밍이 발견한 곰팡이가 아닌 특별히 '말 잘 듣는 녀석'을 선별하고, 최고의 생산성을 얻기 위하여 '말 잘 듣는' 푸른 곰팡이를 위한 많은 노력이 결집된 작업이었습니다.

이렇게 저는 미생물을 네 가지 그룹으로 나누어 보았습니다. 이제 미생물만의, 미생물 입장에서의 설명이 아닌 미생물과 우리 인간과의 관계를 중심으로 미생물에 대하여 조금 더 알아보도록 하겠습니다.

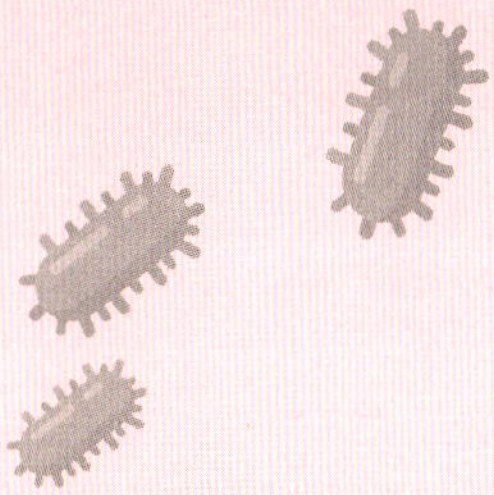

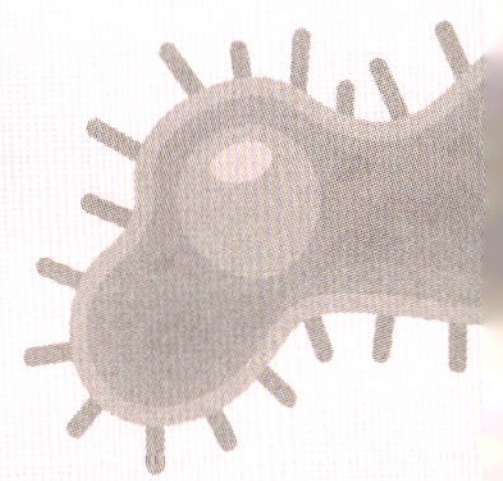

3

인간과 미생물의 동거

지금까지는 미생물이 무엇인지에 대해 이야기하였습니다. 과학적인 특히 미생물학에 관한 이야기를 했지만 꽤나 철학적인 이야기를 많이 하였습니다. 생명이란 무엇인지, 과학이란 무엇인지, 그리고 과학이 인간의 삶 속에서 어떻게 진행되어 왔는지 등등 말입니다. 그리고 미생물학에 관한 이야기뿐만 아니라 화학에 관하여 이야기도 했고 또 물리학을 넘나들기도 하였습니다. 세상의 많은 일들이 그러하지만 과학은 혼자서 독야청청 할 수 없습니다. 수많은 인간의 지혜들이 같이 모이고 서로 다른 것 같은 과학들이 서로 엮여서 발견되고 발전하고 사용되어 왔습니다. 서로 다른 과학들을 모아 생명을 설명하고, 미생물이 어떻게 살아가고 있으며 어떻게 존재하고 있는지에 대해 이야기하였습니다. 이번 장에서는 조금 인간과 미생물간의 관계에 집중하여 보도록 하겠습니다.

저는 미생물을 나쁜 놈, 좋은 놈, 이상한 놈, 그리고 말 잘듣는 놈으로 나누었다고 하였습니다. 이 관계는 인간이 미생물을 바라보는 관점, 즉 인간과 미생물과의 관계를 바탕으로 한다고 생각합니다. 인간은 미생물을 싫어하고 우리의 건강을 해치는 원인으로 증오하였습니다. 때로는 미생물을 이용하고 미생물이 만들어 놓은 것을 즐겼으며, 미생물을 이용하여 우리가 원하는 것을 만드는 대량생산의 산업화에 사용을 하기도 하였습니다. 그리고, 최근에는 미생물은 삶의 동반자이며, 미생물이 없으면 삶이 질이 떨어지고, 미생물 때문에 아프기만 한 것이 아니라 미생물이 우리의 질병을 치료할 수 있게 되었다는 것을 알게 되었습니다. 인간은 미생물을 때로는 싫어하고, 때로는 아끼기도 하였습니다.

인간이 미생물을 인위적으로 배제하기 시작한 것은 20세기부터였습니다. 오랜시간 동안, 중세시대나 그 이전에도 인간들의 생활에 미생물을 인식하고 미생물과 전쟁해 왔다고 생각하는 것은 미디어가 만들어 놓은 환상입니다. 19세기 후반부터 학문적인 접근이 시작되어 20세기가 들어서면서 인간들은 살균, 소독, 청결을 인간의 의식주 및 의료에 도입하였습니다. 아니, 도입할 수 있는 방법을 손에 가지게 됩니다. 그리고 20세기, 한 세기 동안 한편으로는 미생물과 끊임없는 전쟁을, 다른 한편으로는 미생물과의 동거를 하였습니다. 21세기가 된 지금, 인간과 미생물의 관계는 또 다른 관계로 전환되고 있습니다. 단순하게 싸우거나, 단순하게 동거를 하는 것이 아닌, 끊임없이 소통하고 견제와 균형을 만들어가는 관계로 발전하였습니다. 미생물과 인간의 사랑과 전쟁은 아직도 진행 중입니다.

| 언제부터 우리랑 같이 살았지? |

인간의 생활에서 미생물이 없는 생활을 상상할 수 있을까요? 몇백 년 전 미생물학이 발달하기 전까지 인간들은 미생물의 존재를 인식하지 못하였고 보이지도 않는 미생물과 인간들이 같이 산다는 것은 말도 안된다며 믿지 않았었습니다. 그러고 보니 미생물의 존재는 외계인과 비슷하군요. 지금도 외계인은 이 넓은 우주에서 우리와 같이 살고 있을지 모릅니다. 영화 '맨 인 블랙'에서 나왔던 것과 같이 우리들은 이미 미생물들 사이에서 살고 있을지도 모르겠습니다.

인간이 미생물과 같이 살아온 것이 언제부터 인지를 찾는 것은 의미가 없다고 생각합니다. 호모 사피엔스라고 하는 인간의 한 종은 유전적 진화론에 따르면 단세포 생명체로부터 진화하였습니다. 단세포 생명체 또한 끊임없이 진화하고 환경에 적응하여 지금의 미생물 군집을 이루고 있기 때문입니다. 다시 말하면 인간이 진화하는 과정에서 미생물도 같이 진화하였고, 늘 같이 살아왔었습니다. 미생물이 살고 있는 세상에 인간이 같이 진화하면서 살았다는 것이 더 적절할 것입니다. 인간이 미생물과 같이 살았음은 인간이 남긴 유산을 보면 알 수 있습니다. 인간은 매우 이른 시간부터 미생물이 발효하여 만들어 놓은 술을 먹으며 살아왔습니다. 인간의 문자가 생성되거나 인간이 어떠한 기록을 남길 수 있는 역사의 시간동안 미생물이 발효한 술의 존재는 계속 기록되어 왔습니다.

인간의 문자 기록이 없는 경우에도 인간의 삶 속에 미생물이 들어와 있었음을 알 수 있습니다. 1991년 이탈리아 알프스 산의 빙하에서 '아이스맨'으로 불리는 냉동 미이라가 발견되었습니다. 청동기 시대를 살았던 약 5,300년 전의 미이라로 추정되는 이 미이라는 생전 약 40~50세의 남성으로 갈색의 눈과 갈색의 머리, 그리고 O형의 피를 가지고 있었습니다. 이 미이라는 그 당시 전사의 직업을 가졌을 것으로 추정됩니다. 이 미이라를 연구하던 연구진은 미이라의 위에서 위염을 일으키는 원인균인 *Helicobacter pylori*의 존재를 확인합니다. 이 외에도 현대의 염증과 관계가 있는 세균들의 존재를 확인하게 됩니다. 위의 상피세포들은 이미 파괴되어 의학적 염증 소견을 확인하지는 못하였으나, 아마 이 청동기 시대인은 평소에 현대의 인간과 같이 위염 혹은 심하면 위궤양으로 고생하였을 것으로 추정됩니다. 참고로, 2005년 호주의 Barry Marshall과 Robin Warren 교수가 노벨상을 받으며 유명해진 *Helicobacter pylori*는 현대에서는 일반적으로 아시아 특히 동아시아인들과 멕시칸들에게서 발견되고 유럽인들에게는 극히 희귀한 감염균입니다. 현대 이탈리아에서는 관찰하기 어렵고 주로 아시아인들이 가지고 있는 세균이, 청동기 시대 이탈리아 지역 거주인에게서 발견된 것은 어떠한 의미를 지닐 수 있을지 생각해 보는 것도 재미있을 것 같습니다.

인간의 시간과 공간에는 미생물이 늘 같이 존재하였습니다. 그러면 반대로 인간의 공간에 미생물이 존재하지 않을 수는 있을까요? 이것은 두가지로 생각해 볼 수 있습니다. 먼저 인간들에게서 모든 미생물이 사라진다면 어떻게 될까요? 두 번째 인간이 생활하는 공간에서 모든 미생물을 제거하고 생활할 수 있을까요? 입니다. 일단 첫 번째와 두 번째 모두 인간을 대상으로 한 것이 아니라면 이미 실제 존재합니다. 사람들은 참 대단합니다. 인간이 늘 미생물과 같이 살고 있다는 것을 알고 난 이후부터 그 반대의 경우에는 어떻게 될까라는 것을 연구하게 됩니다. 단지 사람을 대상으로 하지는 못하죠. 그래서 과학자들은 동물, 특히 쥐를 이용하여 몸에 미생물이 전혀 없는 무균쥐를 만들었습니다. 그리고 무균쥐를 키우고 실험하기 위해서 무균실을 만들어 유지하였습니다. 그래서 사람은 아니더라도 생명체가 미생물로부터 완전히 분리되면 어떨까 하는 것을 대략 예측할 수 있었습니다.

그러면 사람들은 어떨까요? 사실 사람에게서 미생물을 완전히 제거하기는 어렵습니다. 아주 특수한 경우를 제외하고 불가능하다고 생각하면 됩니다. 사람들이 일반적인 음식을 먹으면서 일반적인 공간에서 생활을 하면 미생물은 자연스럽고 당연하게 인간의 몸에 정착하게 됩니다. 이렇게 정착한 미생물을 없애는 것은 매우 어려운 일입니다. 그래서 첫 번째 경우인 인간의 신체에서 모든 미생물을 완전히 없애는 것은 매우 어려운 일입니다. 단지 사람들의 몸에서 미생물의 숫자를 인위적으로 줄일 수는 있습니다. 하지만, 사람들의 몸이 적정량의 미생물에 노출되지 않았을 경우 좋은 영향 보다는 좋지 않은 영향이 더 많다고 합니다. 직접 실험을 하지는 않았지만 다양한 과학적 데이터가 그렇게 이야기하고 있습니다. 역시 무균실에서 자라는 무균쥐는 일반적인 쥐보다 허약하고 질병에 취약하다고 알려져 있습니다.

두 번째의 경우 '인간이 생활하는 공간에서 모든 미생물을 제거하고 생활할 수 있는가?'에 대해서는 인위적으로 그러한 환경을 만들 수 있습니다. 여러 가지 실험을 위해 이미 제약사, 의료 기관 등에서는 무균실을 운용하고 있습니다. 그리고 무균실에서 생활해야 하는 환자도 존재하였습니다. 실험적인 성격이 강했지만, 치료를 목적으로 인간을 무균실에서 성장하게 한 경우도 있습니다. AIDS 바이러스에 의한 것이 아닌 선천적으로 면역기능이 없는 질병도 있습니다. 선천적 면역결핍증에 걸린 아이는 유전적인 문제 때문에 태어날 때부터 면역기능을 상실하고 이 세상에 나오게 됩니다. 인간에게 면역기능이 없으면 주변의 넘쳐나는 미생물에 의해 감염되어 삶을 유지하는 것이 불가능해집니다. 사람이 죽고난 다음 시간이 흐르면 미생물에 의해 썩어서 분해되는 것을 알고 있을 겁니다. 사망으로 인체의 기능이 정지하고 면역기능 또한 정지하게되어 주변의 미생물(사실 우리 몸에 있던 장내 미생물이 가장 먼저 작용합니다)에 의해 온 몸이 부패하는 것입니다. 만약 면역기능이 완전히 정지된다면, 주변 환경에 있는 미생물에 감염되어 살아있으면서도 온 몸이 부패하는 상황이 될 것입니다. 무시무시하지요? 그래서 선천적 면역결핍증에 걸린 아이는 출산과 동시에 무균실에 옮겨지고 외부와의 접촉을 완전히 끊고 키워졌던 적이 있습니다.

David Vetter는 1971년 Texas Children's Hospital에서 태어났습니다. 이 친구는 SCID(severe combined immunodeficiency: 중증 복합면역결핍증)이라는 질병을 가지고 태어나게 됩니다. 이 친구의 치료와 생명 연장을 위해 이 세상에 나오자마자 20초 후 미리 준비한 자신만의 세계로 들어가게 됩니다. 바로 플라스틱 버블로 만든 무균실입니다. 그리고 12년 동안 오직 버블 안의 세계에서

만 생활하게 됩니다. 외부와의 직접적인 접촉을 완전히 차단하고 엄마의 품에서도 떨어지게 됩니다. 그 밀폐된 공간 안에서 버블 밖 세상의 도움을 받아가며 혼자서 의식주를 해결하고 생활을 하였습니다. 그리고 1977년이 되어서야 NASA가 준비한 우주복과 같은 차단복을 입고 튜브 밖으로 외출하여 드디어 세상에 첫발을 디디게 됩니다. 1977년에서야 최초로 David의 엄마와 David는 서로를 안아보았습니다. 이 과정을 위해, 아이가 옷을 입는 과정에서 미생물을 완전히 배제하기 위해 20가지가 넘는 과정을 거쳐야 하였습니다. SCID의 치료법은 백혈병과 비슷한 골수이식입니다. 이 당시는 환자에게 완벽하게 일치하는 골수를 찾아 이식해야 했기 때문에 별다른 치료 방법이 없었습니다. 그러던 중 의료기술의 발전으로 완벽하게 일치하지 않은 골수이더라도 이식할 수 있는 방법이 발견되었고, 동생의 골수를 이식받았습니다. 그리고 David는 4개월 후 사망합니다. 골수 이식이 잘못되어 사망한 것이 아닙니다. 골수이식 과정 중 앱스타인 바이러스(Epstein-Barr virus)에 감염되고 이 바이러스에 의한 혈액암의 일종인 림프종(lymphoma)에 의해 사망하게 됩니다. 태어나서부터 미생물의 감염을 피하여 생활해온 아이는 결국 미생물 감염에 의해 사망하게 됩니다. 이 친구의 이야기를 모티브로 영화가 만들어지기도 하였습니다. 1976년에는 존 트라볼타(John Travolta) 주연의 'The boy in the plastic bubble'이라는 제목의 TV영화로 제작되었고, 2001년에는 제이크 질렌할(Jake Gyllenhaal)의 젊었을 때 모습을 볼 수 있는 'Bubble boy'라는 코메디 영화로 제작되기도 하였습니다.

이러한 미생물이 없는 환경을 만들고 유지시키는 연구는 다른 분야에서 유용하게 사용되고 있습니다. David를 관리하고 미생물과의 접촉을 막는데 사용된 각종 기구들과 연구자료들은 현재 높은 위험도를 가지는 바이러스의 감염을 막고 연구하는 자료로 사용되고 있습니다. 치명적이며 강한 전염성을 가지는 에볼라 바이러스, 혹은 코로나 바이러스 등에 감염된 환자들을 접촉하여야 하는 의사 선생님들을 보호하는 방호장비들도 이러한 연구를 바탕으로 개발되었습니다. 그리고 특별히 무균실에 가까운 환경을 만들어야 하는 우주선과 우주정거장의 생활환경을 만들고 유지하는 것에도 중요한 실제적 자료를 제공하였습니다.

사실, 인간의 생활은 미생물과 더불어, 같은 공간과 시간에서 이루어집니다. 인간의 생활에서 미생물을 완전히 제거하는 것은 매우 어렵고 인간의 건강에 좋지 않습니다. 하지만, 인간은 인간들의 필요에 의해 미생물이 완전히 없는 환경을 특별히 만들기도 하였습니다. 이제는 인간이 생활환경과 그 공간에서 미생물의 존재를 관리하고 제어할 수 있다는 이야기입니다.

| 인간: 미생물의 생활터전 |

미생물은 우리 자연에 늘 존재하고 있습니다. 앞에서 살펴본 것과 같이 이 지구의 다른 생명체가 존재할 수 없는 곳까지도 미생물은 다양한 존재방법을 이용하여 생명 활동을 유지하고 있습니다. 지구의 생명체가 태양으로부터 오는 에너지를 그 생명활동의 근원으로 삼고 있음에도 지구 자체가 만들어내는 에너지를 이용하여 존재하는 미생물에 대해 이야기를 하였습니다. 지구에서 미생물이 없는 곳은 있을 수도 있다고 생각합니다. 하지만, 미생물이 존재할 수 없는 곳에 다른 생명체가 존재하지는 않습니다. 즉, 지구에서 생명체가 살아가고 있는 공간, 생태계 혹은 바이오스피어(biosphere)라 불리는 공간에는 모두 미생물이 존재합니다. 식물이 생태계의 먹이사슬 관계를 만드는 생태 피라미드의 가장 밑의 근원을 이루는 것처럼, 미생물은 생태계의 배경화면처럼 생태계의 영역을 정의하고 있습니다.

지금까지 미생물이 우리가 존재하는 생태계에서 그리고, 인간의 생활환경에 늘 존재한다는 것은 이야기하였습니다. 그러면 좀 더 범위를 좁혀서 미생물은 인간의 어디에 존재하고 있을까요? 미생물과 인간의 직접적인 만남은 어디서 이루어 질까요?

잠시 다른 질문을 하겠습니다. 수영장에서 가지고 노는 튜브와 찻잔과 인간의 공통점은 무엇일까요? 음…… 공통점이 있기는 있는 건가요?

네. 혹시 영어로 topology라는 단어를 들어 보셨나요? 번역된 단어로는 '위상학' 혹은 '위상기하학'이라고 합니다. 저도 잘은 모르지만, 공간상에서 거리 개념을 배제하고 점, 선, 면 및 위치에 관한 상호 관계를 연구하는 수학의 한 분야라고 합니다. 위상수학의 기본적인 8개의 위상 중 위의 3가지는 동일한 원환체(torus), 쉽게 말하여 도넛과 같은 위상을 지니고 있습니다. 즉, 우리의 몸은 도넛 혹은 원통형으로 생겼습니다. 일반적으로 생명체는 위상학적으로 두 가지의 형태를 가집니다. 하나는 우리와 같은 원환체형이고 다른 하나는 구(sphere)형입니다. 구형을 가지는 것은 대표적으로 미생물이이겠네요. 이러한 구(sphere)형이냐 원환체(torus)형이냐는 보통 생명체의 소화기관이 어떻게 생겼느냐에 영향을 줍니다.

미생물을 비롯한 모든 생명체의 구조는 외부와 내부로 나누어집니다. 생명체가 음식을 먹는 것, 영양성분을 받아드리는 것은 외부의 물질을 분해하여 내부로 이동시키는 과정이고 이러한 기능을 수행하는 기관을 소화기라고 합니다. 생명체의 소화기는 크게 두 가지 형태가 있지요. 사람과 같이 들어가는 곳이 있고, 그곳을 통해 음식이 지나가면 소화와 흡수가 이루어지고 잔유물이 반대쪽으로 빠져나가는 방법이 있습니다. 또 하나는 말미잘과 같이 음식이 들어와서 보자기처럼 둘러 싸고 소화시키고 잔유물을 배출하는 방법입니다. 이러한 형태의 소화기관을 가지는 생명체는 구(sphere)의 형태를 가지고 있다고 생각하면 됩니다. 단세포인 미생물과 식물체도 이러한 형태를 가지고 있다고 생각하면 됩니다.

생명체가 원환체형이던 구형이던 미생물은 그 생명체의 외부 표면에 어디든 존재합니다. 다시 이야기하면 모든 표면에는 미생물이 존재하고 표면 안쪽에는 전혀 존재하지 않아야 합니다. 비유를 하자면…… 맛있는 빵집에 갔습니다. 빵집에서 개인적으로 매우 좋아하는 것이 고리형의 도넛과 안에 팥이 들어가 동글동글한 찹쌀 도넛입니다. 고리도넛과 찹쌀도넛 모두 하얀 설탕이 듬뿍 뿌려져 있습니다. 고리도넛과 찹쌀도넛 모두 우리 생명체라고 가정한다면 하얗게 뿌려져 있는 설탕이 미생물입니다. 음…… 설탕이 안뿌려져 있는 도넛은 맛이 없고 뭔가 허전하지요? 네. 미생물이 없는 생명체도 똑같습니다. 미생물이 없는 생명체는 정상적인 생명체가 아닙니다.

미생물은 인체의 모든 표피(상피라고도 합니다.)에 '서식'하고 있습니다. 단순한 직접 접촉이 아니라 아예 거기서, 우리의 몸에 붙어서 살고 있습니다. 먼저 도넛의 안쪽 공간, 혹은 튜브의 안쪽에 해당되는 공간인 소화기에서도 미생물은 서식하고 있습니다. 사실 소화기는 위상학적으로 인체의 내부가 아닌 외부입니다. 음식은 인체의 외부를 지나가고 있으며 소화기 안에서 화학물질로 분해되고 우리가 필요한 것들 만 선택적으로 내부로 수송됩니다. 이 과정 중 미생물은 음식과 함께 소화기 내부로 이동하고 우리 몸 내부로는 절대로 살아서 들어오지 못합니다. 만일 미생물이 좋든 나쁘든 어떻든 간에 우리 몸 내부로 들어오면 우리는 감염된 것이고 패혈증 초기에 돌입한 것입니다. 소화기 내부 표피는 사실 우리의 피부와 동일합니다. 단지 우리의 몸을 보호하는 피부와 달리 그 기능적인 면에서 분해와 흡수를 담당하기에 스스로를 보호하는 다양한 장치들과 매우 강력한 선택성을 지니게 됩니다. 공항과 항만의 출입국 절차가 매우 복잡하며 엄격한 것과 같다고 생각하면 됩니다. 엄격한 출입에서 원하지 않는 내부로의 침입은 인체 면역기가 관리하게 됩니다. 소화기는 입에서 직장까지 모든 부분에 걸쳐 미생물이 존재합니다. 인간의 음식에는 당연히 미생물이 존재하고 소화기는 그 음식을 농축하여 보관, 이동시키는 기관이기에 가장 많은 수의 미생물과 직접 접촉할 수밖에 없습니다. 인간의 소화기 중 미생물이 가장 많이 모여 있는 곳을 찾으라고 한다면 맹장(cecum)이라고 생각합니다. 십이지장(duodenum)에서 시작된 소장은 공장(jejunum)을 지나 회장(ileum)에서 대장까지 연결됩니다. 이 소장에서 연결되는 대장의 시작부분이 맹장(cecum)입니다. 우리가 일반적으로 이야기하는 맹장염의 맹장은 정확히는 맹장에 붙어 있는 퇴화기관인 충수(cecum appendix)를 지칭하는 것입니다. 소장에서 소화, 흡수된 음식은 대장으로 떨어져서 맹장에 모이고 여기서부터 상행결장(ascending colon)을 따라 올라가고 횡행결장, 하행결장을 거쳐 직장으로 진행됩니다.

도넛 혹은 튜브의 바깥쪽에 해당되는 우리의 머리부터 발바닥까지의 모든 피부에서도 미생물은 살고 있습니다. 그렇다고 나쁜 놈들 만 살고 있는 것 아닙니다. 나쁜 놈, 좋은 놈, 이상한 놈들 모두가 옹기종기 모여 평화롭게 살고 있습니다. 아니, 평화롭게 살고 있는 것처럼 보입니다(사실 평화롭지 않습니다. 끊임없는 전쟁과 휴전을 반복하고 있습니다). 살고 있는 미생물의 종류는 서식하고 있는 피부의 환경에 의하여 결정됩니다. 일반적으로 우리의 몸은 크게 건조한 곳과 습도가 높은 곳으로 나눌 수 있습니다. 잘 생각해 보면 금방 떠오를 겁니다. 땀이 잘 차고 습도가 잘 유지되는 곳, 겨드랑이, 오금, 사타구니, 생식기 그리고 발바닥 등이 있고 이런 부위는 조금만 청결에 신경을 쓰지 않아도 염증이 잘 생기고 특히 냄새가 잘나는 곳입니다. 네, 미생물이 좋다고 열심히 살고 있는 곳입니다. 그리고 나머지 부분은 대부분 건조합니다. 물론 적당한 수분을 머금고 있어야 피부가 깨끗하고 탄력이 유지되지만 사실 수분을 머금고 있는 것은 세포 안쪽이지 외부는 아닙니다(외부는 세포 안의 수분 증발을 방지하기 위해 유분이 얇게 코팅되어 있어야 좋은 피부입니다). 이러한 건조한 피부에는 낮은 수분 활성도에서 자랄 수 있는 미생물만이 거주하게 됩니다. 사람들의 손이 워낙 다양한 것과 접촉을 하는 부위인지라 다양한 미생물이 존재하고 미생물 오염의 근원이 되기는 하지만, 사실 가장 미생물이 서식하기 어려운 부위이기도 합니다. 사람의 신체 부위 중, 관리만 제대로 한다면, 가장 많이 씻는 부위 또한 손입니다. 그리고 상대적으로 건조한 환경을 유지하고 미생물이 먹고 살 만한 영양성분이 별로 없는 곳이기도 합니다. 우리 몸에 거주하는 미생물이 보기에는 손은 별로 좋은 곳이 아닙니다. 주기적으로 물과 비누로 몰살되고 먹을 것을 다 뺏기고, 또 외부에서 갑자기 전혀 다른 미생물이 몰려오기도 하는 곳이기도 합니다. 그래서 각 부위별로 일정한 특성을 가지는 미생물 집단이 유지되는 데 손은 그렇지 않은 것으로 알려져 있습니다. 아이러니하지요?

사람의 피부는 또 다른 특성으로 나눌 수 있습니다. 상대적으로 유분, 기름기가 많은 곳과 그렇지 않은 곳으로 구분할 수 있습니다. 머리, 얼굴, 귀 뒤, 코 옆등 유별나게 기름기가 많은 곳이 있습니다. 그리고 그런 곳에는 기름이 나오는 피지선들이 발달하여 있습니다. 사람의 피부에는 미생물들이 좋아하고 잘 먹는 밥, 탄수화물이 거의 없습니다. 이렇게 상황에서 유분은 미생물의 아주 좋은 먹이가 됩니다. 이러한 곳에서는 낮은 수분활성도에서 지방을 분해하여 잘 먹고 살수 있는 미생물이 득세를 하게 됩니다. 이러한 미생물이 먹을 것이 넘치고 외부로부터 보호될 수 있는 피지선 등에 둥지를 틀고 자라면 폭발적으로 증식하여 여드름 등 각종 피부 트러블을 일으킵니다. *Staphylococcus epidermis*, *Propionibacterium acnes* 등이 대표적인 세균입니다.

인간의 피부에는 원핵세포 미생물만이 살고 있는 것은 아닙니다. 진핵세포나 곰팡이류 들도 서식하고 있습니다. 그러나 이들은 주로 인간의 생활에 문제를 일으키는 존재입니다. 여성 생식기에 효모인 *Candia albicans*가 번식하면 미생물에 의한 피부병 중 하나인 칸디다증(Candiosis)을 유발합니다. 또한 대표적으로 사람들을 괴롭히는 피부병이었던 무좀 혹은 비듬균들은 곰팡이입니다.

우리 몸의 몸 모든 피부, 소화기까지 포함한 모든 피부에 미생물이 자라날 수 있기는 합니다만, 꼭 찾는 다면 한군데 미생물이 자라지 않는 곳 아니, 자라면 곤란한 곳이 있습니다. 사람의 몸은 도넛 보다는 물놀이에 쓰는 튜브와 좀 더 비슷합니다. 도넛과 달리 튜브는 한가지 더 달린 것이 있지요. 바로 공기를 주입하는 주입구입니다. 사람의 몸에도 공기가 들어가는 곳이 한군데 있습니다. 바로 우리들의 몸에 산소를 전달하는 호흡기입니다. 재미있게도 인간은 음식과 공기가 모두 입을 통해 들어갑니다. 같이 들어간 음식과 공기는 목에서 각각 식도와 기도를 통하여 소화기와 호흡기로 들어갑니다. 소화기는 일정한 방향으로 진행되어 막힘없이 연결되는 길이 있었지만 호흡기는 아닙니다. 들어갔던 공기는 다시 동일한 길을 따라 거슬러 나오게 됩니다. 위상학적으로는 소화기와는 다른 구조를 이루고 있습니다. 진짜, 수영장에서 가지고 노는 튜브의 공기 주입구와 같지요? 어찌되었건 호흡기도 사람의 외부이기는 합니다. 그러나 호흡기에는 예외적으로 미생물이 서식하고 있지 않습니다. 호흡기에 있는 미생물에 저항하는 면역시스템은 사실 소장이나 대장에 있는 것과 차이가 있지는 않습니다. 점막으로 둘러싸여 있고, 각종 면역기들이 작용을 하게 됩니다. 감염되어 자극이 가해지면 기관의 강력한 운동으로 설사나 기침을 유발하고 감염에 의해 염증이 생기는 것도 비슷합니다. 그러나, 몇 가지 이유 때문에 호흡기에는 미생물이 살고 있지 않습니다. 먼저 공기 중의 미생물의 농도가 그만큼 낮기 때문이라 생각됩니다. 호흡기는 오직 공기하고만 접촉하지요. 그리고 공기 중에는 음식이나 다른 환경보다 미생물의 농도가 낮습니다. 세균은 물론이고 공기 중에 날라다니는 바이러스의 숫자도 많지 않습니다. 또 하나는 호흡기를 이동하는 유체의 속도일 것입니다. 의외로 공기는 빠른 속도로 이동하고 있습니다. 호흡기에서 유체의 이동 속도는 소화기는 물론 우리가 직접 접촉하는 다른 것고 비교하면 상당히 빠릅니다. 한 번의 호흡량과 몇 초 단위로 이루어지는 한 번의 호흡에 걸리는 시간을 생각하면 근방 계산될 것입니다. 특히 뭔가 외부의 이 물질이 들어왔다고 판단됐을 때 방어기제로 작용하는 기침을 생각하면 엄청난 공기의 유속을 알 수 있습니다. 뭐, 호흡기에 붙어 있는 것들을 그냥 뿜어 내보곤 합니다. 소화기도 소화기를 자극하는 무엇이가 존재하면 빠른 연동운동으로 배출하곤 합니다만, 만일 기침과 같은 속도로 뿜어낸다면…… 정방향이건, 역방향이건 상상도 하기 싫군요.

사실 호흡기가 일반 피부와 동일한 위상을 가지고 있는 것은 사실이지만 미생물에 감염되면 소화기나 일반 피부와는 다른 문제가 있습니다. 소화기와 호흡기는 외부의 물질은 인체 내부로 받아들이는 기관이라는 점에서 공통점을 가지고 있습니다. 소화기는 유기화학물질인 영양성분은 호흡기는 물에 녹은 무기화합물인 산소와 이산화 탄소를 이동시킵니다. 그 기능이 가지는 특성 그대로 외부의 물질이 내부로 들어오는 통로이기 때문에 외부의 감염이 발생하기 쉬운 조건을 가지고 있습니다. 하지만 호흡기는 수화된 공기 분자가 특별히 선별성을 가지는 막이동 단백질(membrane transfer protein)을 이용하지 않고 농도차이에 의한 확산으로 혈관에 바로 들어오게 됩니다. 즉, 피부나 소화기와 같은 여러 세포층으로 이루어진 보호막이 없습니다.

소화기만 하더라도 상피세포가 있고 유기 화합물질의 이동은 상피세포에 있는 막이동 단백질이 그 역할을 수행합니다. 그리고 그 밑에 꽤 두꺼운 세포의 층이 존재합니다. 따라서 외부의 물질과 혈액이 바로 접촉하는 일은 발생하지 않습니다. 하지만 가스교환이 일어나는 허파꽈리는 허파꽈리를 이루는 하나의 세포층이 혈관의 세포층에 바로 닿아 있습니다. 또한, 소화기와 같은 두꺼운 점액질 보호막(mucin layer)를 가지고 있지도 않습니다. 그리고 피부나 소화기의 상피세포와 같이 일정한 시간 간격으로 떨어져 나가고 재생하지도 않습니다(네. 우리의 소화기도 때가 밀립니다). 호흡기의 끝은 단 두겹의 세포층에 의해 인체의 내부와 외부가 나누어져 있는, 인체에서 가장 얇은, 인체의 내부와 가장 가까운 부분이라고 보면 됩니다. 그리고 무시할 수 없는 것이 호흡기의 내부는 산소가 있는 호기성 환경입니다. 반대로 소화기는 산소가 없는 혐기성 환경입니다. 다른 환경요인에 따라 차이는 있겠지만 동일한 조건에서 미생물은 산소를 이용하는 호흡과정으로 산소가 없을 때 에너지를 만드는 발효보다 10~12배 이상 더 많은 양의 생물학적 에너지(APT)를 생산합니다. 또 그만큼 더 빠르게 성장할 수 있지요. 그래서 호흡기에는 미생물이 들어와서 감염이라도 된다면 매우 곤란합니다. 상기도 보다는 하기도가, 기도보다는 허파가 더 위험합니다. 실제 그렇지요. 같은 염증인 장염보다는 폐렴이 더 위험하고 의외로 많은 사람들이 매년 폐렴으로 사망하고 있습니다.

사람과 그 사람의 피부에 살고 있는 미생물에 대해 몇 가지 정리하도록 하겠습니다. 우선 우리의 피부에 미생물이 하나도 없을 수는 없습니다. 그리고 미생물이 하나도 없는 것이 건강한 피부는 아닙니다. 두 번째, 피부의 각 부위에서 발견되는 주요 거주 미생물은 수분활성도, 영양성분 조성 등의 환경인자로부터 결정됩니다. 또한 환경요인에 변화가 왔을 때 서식하는 미생물 군집들은 변화하게 됩니다. 즉, 우리의 생활상에 따라 미생물 집단들은 매우 역동적으로 변화하게 됩니다. 셋째, 우리 피부에 들어오는 미생물의 종류에 따라 우리의 생활에 영향을 주기도 합니다. 우리가 원하지 않는 균들이 서식하게 됨에 따라 염증이 생기기도 하고 악취가 발생하기도 하며 무좀과 같은 혹은 질병이 발생하기도 합니다. 그리고 일반적인 경우 별로 문제되지 않는 피부 미생물이 피부에 염증이 발생한 경우에는 그 염증을 악화시키기도 합니다. 즉, 인간들과 인간에 서식하는 미생물은 일방적으로 변화를 유도하는 것이 아닌 상호 영향을 미치고 있습니다. 이 개념은 우리 피부뿐만 아니라 우리 소화기 안에 사는 미생물에게도 적용됩니다. 장내 미생물과 건강이 많은 주목을 받고 있습니다. 하지만 사실 그 관계는 이미 여러 곳에서 찾아볼 수 있는 관계입니다. 자세한 이야기는 뒤에서 다시 더 하도록 하겠습니다.

| 인간 말고 또 누구랑 살까? |

미생물들은 사람들의 몸 이외에 또 누구랑 같이 살고 있을까요? 일단 인간과 생활상이 비슷한 지상의 동물들은 당연하다고 생각합니다. 포유류, 파충류, 양서류, 조류 모두 미생물들을 가지고 미생물과 더불어 생활하고 있습니다. 물론 그들이 가지고 있는 미생물의 종류는 인간과 같을 수도 혹은 다를 수도 있습니다. 앞서 이야기했던 것과 같이 생명체와 같이 서식하는 미생물 집단은 미생물 자신들의 의지나 미생물을 몸에 지니고 생활하는 생명체의 의지로 이루어진 것이 아닙니다. 미생물 또한 자연의 일부로 자연의 생존방식을 따르고 있습니다. 자연에서의 생존방식은 '자연선택설'입니다. 누구는 자연에서의 생존방식이 강한 생명체가 살아남는다는 '적자생존'이라고 합니다. 어느 면에서는 맞는 이야기입니다. 강하다는 것은 살아남을 수 있는 능력이니까요. 하지만 강하다는 것을 어떻게 정의할 수 있을까요? 강함이라는 것도 1장에서 이야기했던 것처럼 절대적인 의미가 아닙니다. 강하다는 것은 약함이 존재하기 때문에 약하다는 것의 상대적인 의미로 존재합니다. 즉, 약한 것이 있어야지만 강한 것이 성립하고 강하다는 것은 상대적으로 더 강한 것을 존재하게 합니다. 자연에서의 강함은 강한 것이 살아남는 '적자생존' 보다는 살아남은 것이 강하다는 것에 좀 더 가깝습니다. 그리고 이를 표현한 것이 '자연선택설' 입니다. 네, 미생물의 세계도 '존버'의 논리로 돌아갑니다.

이렇게 각 생물이 사는 환경에 따라서 같이 생활을 하는 미생물들도 상당히 바뀌게 됩니다. 그러면 인간과 비슷한 미생물을 가지고 있는 것은 어떤 것들이 있을까요? 사실 아직 깊은 연구가 되어있지는 않아서 잘은 모르겠습니다. 하지만 추정하기로는 인간과 비슷한 온도와 습도, pH에서 생활하고, 인간과 비슷한 것을 먹는 생명체들이 비슷한 미생물을 가지고 있을 것이라고 생각합니다. 그렇다면 뭔가 떠오르지 않나요? 하하하. 네, 저는 돼지가 먼저 떠오릅니다. 사실 실험실에서 소화기에 관련된 실험, 특히 장내 미생물 때문에 문제가 되는 질병에 관한 실험을 할 때는 전통적으로 돼지를 모델동물로 사용하였습니다. 생물학적인 면에서 의외로 돼지가 사람들과 많이 비슷하니까요. 이렇게 인간과 비슷한 장내 미생물을 가지고 있을 것으로 생각할 수 있는 것은 오랜 역사 속에서 인간들이 키워왔던 가축들입니다. 소, 돼지, 염소, 양 그리고 최근에는 개와 고양이들 말입니다. 이러한 동물들이 병원성 미생물의 중간 전염원이 된다면 상당히 머리가 아파집니다. 사실 인간과 가축에 모두 서식할 수 있는 상당수의 흔한 식중독 병원균들이 인수공통 감염병균으로 대장균, 살모넬라, 부르셀라 등등 많이 있습니다. 하지만 반대로 이런 미생물들은 사람과 가축에 오랜 시간 동안 같이 존재해 왔습니다. 그래서 사람들이 이런 미생물의 감염에 갑자기 위험해지지는 않습니다. 미생물 친구들이 이상한 애들한테 안좋은 능력을 배워오지 않는다면 말이죠.

사람들에게는 한 가지 더 독특한 조건이 있기는 합니다. 사람들은 다른 생물들과 다르게 의지를 가지고 위생에 상당히 신경 씁니다. 이것이 미생물의 생존을 조절하는 환경을 자연적인 환경과는 다른 환경으로 변하게 해줍니다.

왜냐하면 위생이라는 것은 기본적으로 미생물을 배제하는 작용이기 때문입니다. 이러한 맥락에서 사람들이 자연계의 생명체와 다른 특징은 약, 특히 항생제를 주기적으로 복용한다는 것입니다. 주기적…… 이 아니라고 해도 연평균 한 번 정도는 병원에 가서 약을 먹습니다. 약과 항생제의 힘은 미생물에게 강력하게 작용하여 미생물 군집에 상당한 영향을 끼치게 됩니다. 극단적으로 비유하자면 항생제는 미생물이 모여 살고 있는 장소에 엄청난 위력의 원자폭탄이 떨어지는 것과 같습니다. 완전히 초토화되고 인체환경 또한 원래와는 조금 다른 환경으로 변화된다고 볼 수 있습니다. 미생물들 입장에서는 날벼락 맞는 것이지요. 항생제가 씻겨 나가고, 전체 미생물 집단이 희석된 후 성장 속도가 빠른 미생물, 항생제에 조금이라도 내성을 가지고 있는 미생물 등 다양한 미생물이 거주하고 또 시간이 지남에 따라 그 구성이 역동적으로 변하게 됩니다. 마치 자연계에 문제가 생겼을 때 또 다른 자연계의 구성이 이루어지는 것과 마찬가지입니다. 공룡이 멸종하고 포유류의 시대가 온 것처럼 그 전과는 다른 새로운 변화가 시작됩니다. 그러나 이것이 반복되면 미생물 집단에서 종의 다양성은 사라지고 항생제나 약이라는 강력한 폭탄이 떨어졌을 때 생존하거나 더 빠르게 적응할 수 있는 미생물 군집으로만 바뀌게 됩니다. 사실 우리들이 먹는 음식과 건강 상태에 따라 미생물 군집이 바뀌게 됩니다. 그리고 그것은 당연한 일입니다. 자연은 가만히 변화없이 있을 정도로 착하기만 하지는 않으니까요. 단지 약이나 항생제가 우리의 몸에 들어왔을 때보다 그 변화 속도와 변화량이 엄청난 것입니다. 지구온난화로 기온이 올라가면 지구 환경 및 생태계가 서서히 변화하게 됩니다. 그렇게 되면 지구 생태계가 아닌 인간 생활환경이 파괴되는 것이지요. 하지만 지구에서 핵폭탄이 터지면 생태계나 인간 생활 환경의 변화 속도는 감당 안 될 정도로 엄청나게 파괴되는 것과 같다고 생각하면 됩니다.

미생물학자들이 아프리카 말라위의 도시 및 시골 아동들과 같은 나이 또래의 영국 런던 아동들의 장내 미생물의 조사한 적이 있습니다. 아… 뱃속이 아닌 변을 수거해서 조사하였습니다. 결과를 보니 말라위 시골지역 아동 집단에서 아주 독특한 미생물 균총을 가지고 있는 집단이 나타났습니다. 그 미생물 균총으로 인해 특별히 아프거나 건강에 문제가 있는 것은 아니었습니다. 그렇다고 음식의 영향이라고 하기에는 같은 말라위의 도시지역 아이들과 큰 차이를 보이지 않았던 것으로 기억합니다. 과학자들의 의견에 저도 동의하는 것이 독특한 장내 미생물을 가지는 아이들은 아직 병원에 가서 약을 먹어 본 경험이 없는, 특히 항생제 처방을 받지 않았던 아이들이었습니다. 물론, 이건 관찰의 결과일 뿐입니다. 항생제를 먹지 않아서 다른 장내 미생물을 가지고 있는 것이 더 좋다는 것은 절대적으로 아닙니다. 미생물의 변화는 변화일뿐 그 변화가 더 좋은 변화인지 혹은 더 좋지 않는 변화인지는 전혀 다른 차원의 이야기입니다. 과학의 구조를 모르는 일반인, 어린 과학자들, 혹은 과학을 자의적으로 이용하여 잘못된 결론을 사이비들이 저지르는 가장 흔한 오류가 '상관관계'를 '인과관계'로 해석하는 것입니다. 사실의 상관관계는 절대 사실의 인과관계가 될 수 없습니다. 변화하는 자연환경에서 적응하여 살아남은 결과가 진화라는 변화의 상관관계에서 우월하여 살아남았다. 즉, 진화는 우월한 것들이 한다는 가치판단의 인과관계를 집어넣어 인류는 역사 속에서 수많은 오류를 저질러 왔습니다. 다시 강조하건데 항생제를 먹지 않아서 다른 환경에서 무리를 이루고 있는 미생물은 변화된 환경에 적응한 결과이지 그들이 더 좋은, 자연에 가까운 미생물들은 절대로 아닙니다.

그러면 동물의 범위를 넓혀서 곤충들은 어떨까요? 네. 역시 곤충들도 미생물과 같이 살고 있습니다. 별 수 있겠습니까? 이 지구는 미생물이 덮고 지배하고 있다니까요. 지배는 아니더라도 지구의 생태계는 미생물이 규정하고 그 안에서 우리들이 살고 있습니다. 그러면 곤충들도 소화기 안에 미생물을 넣고 같이 살고 있을까요? 음…… 그럴 것 같습니다. 과학자들의 가장 싫어하는 것이 무엇인가를 단정하는 것입니다. 공부와 연구를 할수록 세상에 관하여 더 많이 알아 갈수록 새로운 것, 예상을 벗어난 것들이 계속 나오니까요. 저도 마찬가지라서 그렇다고 확언을 하지는 못하겠습니다. 모든 곤충을 다 본 것도 아니고 다 아는 것도 아닙니다만, 곤충도 뱃속에 미생물을 넣고 다니는 것 같습니다. 일단 대표적인 것이 벼룩, 모기, 이, 빈대 등이 있습니다. 잘 알려진 나쁜 놈들이지요. 병을 옮겨 전파시키는 매개체로 유명합니다.

대표적으로 흑사병으로 알려져 있는 페스트는 쥐와 높은 상관관계를 가지고 있어 쥐들이 전파자로 낙인 찍혀 있습니다. 사실 페스트의 원인은 페스트균(*Yersinia pesti*)입니다. 감염된 쥐들이 페스트 균을 직접 전달하기도 하였습니다만 페스트에 감염된 쥐들 또한 건강이 별로 좋지 않아 전파력의 한계를 가지게 됩니다. 가장 널리 전파시킨 원인은 쥐가 아니라 인간을 비롯한 페스트 균에 감염된 동물의 피를 빨아먹은 벼룩입니다. 즉, 벼룩이 자신들의 음식인 동물의 피를 빨아먹으며 미생물을 자신의 소화기에 넣고 그 미생물(페스트 균)을 다른 동물의 혈액에 옮겨 준 것이죠. 이러한 감염 경로는 매우 흔한데, 일본 뇌염, 말라리아, 부르셀라 등 찾으면 엄청 많습니다. 최근에 주목 받고 있는 진드기도 쯔쯔가무시병, 라임병, 진드기 매개뇌염, 중증열성혈소판감소증후군(SFTS) 등을 유발하는 각종 미생물을 그들의 뱃속에 넣고 다니며 옮겨 줍니다.

과학자들은 가끔 재미있는 아이디어를 낼때가 있습니다. 미국에서는 개미의 장내 미생물을 연구하기도 하였습니다. 작은 개미의 뱃속에 있는 미생물말입니다. 개미는 나무를 갉아먹으며 삽니다. 땅 위에서 사람들과는 다른 나무의 성분을 주식으로 하는 개미들의 뱃속 미생물이 궁금하기도 하였고, 개미 뱃속의 미생물을 연구하면 나무의 섬유질인 셀룰로스를 잘 분해하는 미생물을 얻을 수 있지 않을까 하는 실용적인 목적도 있었습니다. 아무튼, 아주 작은 곤충들도 미생물과의 동거 생활을 피해 갈 수는 없었습니다.

지상의 동물들은 모두 미생물과 같이 산다고 하면 식물들은 어떨까요? 너무나 당연합니다. 식물들을 먹고사는 각종 벌레, 곤충, 초식동물들의 뱃속에 미생물이 바글바글한데 식물에는 미생물이 없을까요? 당연히 식물도 미생물과 같이 생활하고 있습니다.

마지막으로 그러면 물속에 사는 생물들은 어떨까요? 산소와 햇빛은 조금만 수심이 깊어져도 희박해집니다. 지상의 생물만큼 서로 접촉이 많지도 않고,

지상만큼 생명체의 밀도가 높지도 않습니다. 온도도 지상과 비교하기 어려울 정도로 낮습니다. 온도도 낮고 먹을 것도 없고 이동도 불편합니다. 그런데 이런 환경에도 미생물은 있고 이런 환경에서 생활하는 생물에도 역시 미생물은 같이 살고 있을까요?

음…… 제 생각은 당연히 네, 입니다. 지구상의 생명체는 태초에 바다에서 생성되어 진화하였습니다. 당연히 바다에는 아직도 미생물이 엄청 많을 것이라 생각합니다. 물론 여러 가지 연구결과도 있습니다. 과학자들은 바다 전체에 3.6×10^{30}개의 미생물이 있고 이는 해양 생명체의 90 %를 차지할 것이라고 합니다. 바이러스 입자는 그것보다 100배는 더 있을 것이라고 이야기하고요. 음…… 바다의 부피가 1.35×10^{9} km^3 이라고 하니까 cm^3의 부피로 계산하면 1.35×10^{24} cm^3이네요. 그러면 대략 cm^3 당 2.7×10^{6}개의 미생물이 있다고 하는 거니까…… 바닷물 1ml 당 270만 개의 미생물이 있네요. 엄청나지요? 하하하하, 아닙니다. 바다 전체의 부피와 미생물의 크기를 고려하면 미생물의 농도는 높은 편은 아닙니다. 왜냐하면 과학자들이 한 명의 성인 남성이 가지고 있는 미생물의 숫자를 대략 $0.3 \sim 4.0 \times 10^{14}$개라고 추정하였습니다. 오직 단 한 명이요.

물속의 환경은 공기 대신 물이 가득 차 있는 환경이지만 생명체가 작동하는 원리에 있어서는 지상의 환경과 그렇게 많이 다르지 않습니다. 땅도 있고, 식물도 있고 물속에 산소도 있고 그렇습니다. 바닷속의 식물에는 미생물이 붙어서 같이 살고 있습니다. 바닷속 식물을 병들게 하는 병원성 미생물에 관하여는 잘 모르지만 대표적으로 사람들을 아프게 하는 미생물은 바닷속에 존재합니다. *Vibrio* 균들은 바닷물과 담수가 만나는 곳에서 주로 서식하며 깊은 바닷물 속에서도 잘 살고 있습니다. *Vibrio* 균주들 중 유명한 것은 콜레라의 원인균인 *Vibrio cholera*, 장염 비브리오의 원인균인 *Vibrio parahemolyticus*, 사망률이 높은 무서운 질병인 비브리오 패혈증의 원인균인 *Vibrio vulnificus* 등이 있습니다. 전부 우리나라 식약처에서 정한 법정 감염병에 들어가는 균들입니다. 음식과 같이 몸에 들어와서 소화기를 통해 감염되는 식중독 균들입니다. 상처 부위로 직접 감염도 되는 비브리오 패혈증 같은 병은 사망률이 높고 위험하여 Death from the deep, 즉 '심해로부터 온 죽음의 사자'로 불리기도 할 정도입니다.

바다에는 사람들에게 위험한 미생물만 있는 것은 아닙니다. 바다에 사는 미생물도 무엇인가를 먹고, 또 안전한 환경에서 사는 것을 당연히 선호합니다. 그러면 미생물을 어디서 살까요? 역시 바닷속이라 할지라도 식물과 동물이 먹이가 되겠지요? 먼저 미생물들도 식물, 해조류들에 붙어 살거나 해조류들을 분해하여 먹고 사는 것 같습니다. 해조류의 세포벽 혹은 세포벽 사이를 채우는 다당체(polysaccharide)들로는 한천이라 불리는 agar, 알긴(algin) 그리고 셀룰로스(cellulose) 등이 있습니다. 바다 해조류에서 *Vibrio* sp. 그리고 최근에는 *Saccharophagus degradans*가 발견되었는데, 이들은 육지의 비생물과 같이 바다식물을 분해할 수 있는 효소들을 가지고 있는 것으로 보고되었습니다. 육지의 식물을 분해하는 미생물과 같이 이러한 미생물들이 바다 식물을 분해하여 자연으로 순환시키는지도 모릅니다. 음…… 물속에서 죽은 동, 식물들 역시

느리긴 해도 결국에는 분해되거든요.

바다 미생물에는 또 하나 중요한 역할이 있습니다. 바다는 설명한 것과 같이 바다만의 재미있는 생태계를 이루고 있습니다. 지상과 비슷하게 미생물, 식물, 동물들이 옹기종기 모여서 살고 있습니다. 그리고 생태계 피라미드를 이루어 생활하고 있습니다. 우주에서 바라보면 우리가 살고 있는 이 지구는 조그만 하나의 행성에 지나지 않지만, 이 자그만 행성 안에 다양한 환경을 가지고 있습니다. 지구의 바다, 우리가 대양이라 일컫는 곳 중 다른 바다와는 다른 환경을 가지고 있는 곳이 한 군데 있습니다. 바로 북극해입니다.

북극과 북극권과 북극해는 서로 다른 개념입니다. 환경을 이야기할 때는 주로 북극권을 이야기하고 북극권은 북극해를 둘러싸고 있는 육지들과 북극해를 포함합니다. 북극을 생각할 때 빙상만을 생각하는데 북극은 바다이고 그 바다는 대륙으로 둘러싸여 있습니다. 가장 넓게 둘러싸고 있는 대륙이 아시아, 즉 시베리아입니다. 시베리아의 북극권은 −30 ℃에서 심하면 −50 ℃까지 내려갑니다. 이러한 곳에서도 오랜 시간 전부터 사람들이 살아가고 있고 물론 다양한 동물들도 존재합니다. 우리가 동토의 땅이라고 하는 곳에서 살아가는 이누이트 족은 주식이 물고기와 고래고기, 바다사자 등 오직 고기입니다.

아…… 현대화가 되어서 알래스카 같이 마트에서 돈 주고 야채를 살 수 있는 곳 말고 원래 살던 방식으로 말입니다. 이누이트 족이 고기만 먹고 사는 것은 영양학적으로도 재미있는 현상입니다. 신선한 야채를 먹지 못하는 이누이트 족은 야채에 풍부하게 존재하는 비타민을 어떻게 섭취할까요? 대항해시대에 선원들이 신선한 야채와 과일을 먹지 못하여 괴혈병으로 죽어갔던 것은 잘 알려진 사실인데 말입니다. 우리는 지금 미생물 이야기를 하고 있으니 빨리 답을 이야기하겠습니다. 이누이트 족은 고기를 얼려서 보관하고(냉동실에서 생활하고 있으니 당연합니다) 섭취는 생식을 했습니다. 고기를 열에 익혀 먹지 않고 생식으로요. 맞습니다. 모든 생물은 생명체이기 때문에 비타민을 가지고 있습니다. 단지 가열하는 조리과정에서 대부분 파괴되고 마는 것입니다. 야채와 과일은 간단히 가열하든지 아니면 보통 생식을 하지요. 아무튼 사람들이 먹을 식물조차 자라지 못하는 동토의 땅을 생각한다면 뭔가 이상하지 않나요?

우리가 과학책에서 배우는 생태계의 구성, 생태계 피라미드의 가장 밑에는 식물이 있고 그 위에 초식동물, 그 위에 소형 육식동물, 대형 육식동물로 올라가고 있습니다. 그리고 지구상에서 식물이 다 없어지면 생명체들은 전멸할 테니 자연보호를 하라고 난리입니다. 그런데 북극권 동토의 땅에 식물은 없는데요? 어떻게 된 거죠? 물론 얼음 밑에 있는 이끼를 먹고 사는 순록이 있어 식물이 완전히 없다고는 이야기하기 힘들지만 그 이끼로 자연계를 감당하기에는 턱도 없습니다. 답은 의외로 간단합니다. 북극권 동토의 땅에서 사는 동물들은 주로 물고기를 먹으며 삽니다. 백곰도 바다사자를 사냥해서 먹고 삽니다. 즉, 바다 생물을 먹으며 살고 있는 것입니다. 네, 생태계의 가장 밑동을 태양으로부터 에너지를 얻어 광합성을 하며 살고 있는, 혹은 지구로부터 에너지를 얻어 생존하는 해양 미생물이 차지하고 있는 것입니다. 간단한 예로 단세포 미생물인 녹조류 플랑크톤을 새우나 작은 물고기가 먹고, 새우나 작은 물고기를 큰 물고기가 먹고, 큰 물고기를 지상의 동물들이 먹는 것입니다. 바다 미생물은 이렇듯이 지구 생태계의 가장 밑동으로 자리잡고 있는지도 모릅니다.

바다동물은 어떨까요? 너무나 당연하게도 미생물은 물고기의 소화관 안에서 같이 서식하고 있습니다. 과학자들은 다양한 물고기들을 잡아서 물고기의 소화관 안에 있는 미생물들을 연구하였습니다. 궁금하기도 하고, 물고기 양식에 도움을 주기도 하고, 또는 물고기를 먹는 사람들의 건강에 혹시나 도움이 될까 해서입니다. 물고기의 소화관 안에는 다양한 종류의 미생물들이 살고 있었습니다. 물고기의 장내 미생물도 의외로 포유류가 소화기에 가지고 있는 장내 미생물과 유사하였습니다. 아, 물론 물고기만 가지고 있는 독특한 미생물도 있었습니다. 그리고 포유류의 장내 미생물과 장내 미생물의 양적 분포도 좀 다르기는 하였습니다. 그러나 물고기 뱃속 미생물의 상당 부분은 이미 포유류의 소화기에서도 존재하고 있는 아이들입니다. 완전히 별세계, 신세계가 펼쳐진 것은 아니라는 것이지요. 음…… 신기하지 않나요? 완전히 우리와 다른 환경에서 다른 음식을 먹고 살고 있는데 말이죠. 이러한 미생물 분포의 유사성에는 몇 가지 가능성이 있습니다.

첫 번째는 우리가 아는 미생물이 그것밖에 없기 때문일 수 있습니다. 과학은 꾸준히 많이 발전을 해왔지만 그래도 아직 우리가 모르는 것은 많이 있습니다. 그리고 이러한 다양성을 찾아내는 실험에서 결국 우리가 아는 것들을 주로 보게 됩니다. 새로운 것을 찾는 것은 매우 어려운 일입니다. 반세기 전만 하더라도 우리 뱃속에서 가장 많은 미생물은 대장균이라고 생각했으니 말이죠. 과학이 발달되고 알면 알수록 결국 대장균은 전체 미생물의 백만 분의 일도 아닌데 말입니다. 생각해 볼 수 있는 다른 이유는 결국 바다도 우리 지구 전체 생태계의 하나라는 것입니다. 바다와 육지가 따로 진화한 것이 아니라 바다에서 육지로 또 육지의 것들이 바다로 섞이면서 환경에 적응을 해왔다는 증거일 수도 있습니다. 사실, 이미 이야기한 것과 같이 물고기라고 뭐 외계인같이 다른 방법으로 생명을 유지하는 것도 아니거든요. 탄수화물, 단백질, 지방으로 이루어져 있고 그 물질들을 대사하고, 만들지 못하는 비타민, 미네랄은 외부로부터 섭취해야 합니다. 또 하나는, 인간들과 생명체들이 결국 물고기도 먹어왔다는 것을 이야기하고 있는지도 모릅니다. 즉, 물고기를 먹으면서 물고기가 가지고 있는 미생물이 지상으로 번져나갔다 라고도 생각해 볼 수 있습니다. 아무튼, 바닷속에는 미생물이 많이 있고, 아마 바닷속이 미생물의 발생지이고 지상에 미생물을 공급하는 곳일지도 모르겠습니다.

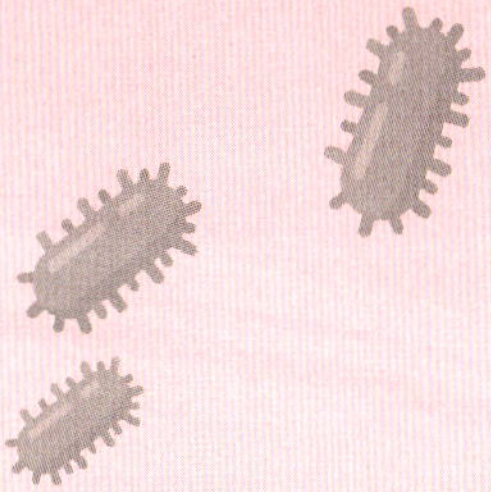

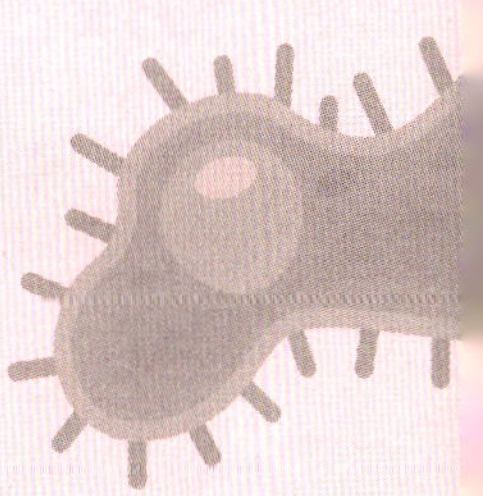

2장

미생물과의 전쟁

1

접근 금지, 저리 가~!

| 살균 및 소독, 미생물과 싸우는 인간들의 첫 번째 무기 |

사실 미생물이 질병의 원인이라는 것을 인지하게 된 이후 인간들은 미생물을 인간의 생활 터전에서 배제하기 위하여 많은 연구와 노력을 하였습니다. 인간이, 인간의 노력으로, 인간의 수명을 획기적으로 늘릴 수 있었던 것은 다음의 두 가지의 발견이 큰 역할을 했습니다. 다음 주제에서 더 자세히 설명하겠지만, 첫 번째는 백신(vaccine)을 이용한 예방접종으로 유아사망률의 극복에 기여하였습니다. 두 번째는 항생제(antibiotics) 발견입니다. 이를 통해 미생물과 싸울 수 있는 강력한 무기를 얻게 되고, 성인 사망률을 감소시키게 됩니다. 하지만 이 두 가지의 발견 이전에 실용의학의 획기적인 진전을 가져와 의료 처치 후 사망률을 절반 이하로 떨어뜨린 개념이 있습니다. 그것은 터무니없게도 위생(sanitation)입니다. 네, 어린 친구들도 알고 있는 깨끗하게 손씻기입니다. 의료 위생은 환자를 치료하는 도구, 상처 난 부위 그리고 환자를 소독하고 깨끗한 환경에서 머물게 있게 하는 것으로 상처와 환자에 접근하는 미생물을 차단하여 감염을 막는다는 것입니다. 지금은 누구나 알고 있고 너무나 당연한 이 개념으로 의료 사망률을 적게는 3배에서 많게는 10배 넘게 감소시키게 됩니다. 미생물을 인간에게서 차단하는 노력으로 말입니다.

| 의학과 위생 |

18~19세기 유럽의 의학 수준은 지금의 기준으로 보면 매우 비참하였습니다. 현대 의학의 발전은 20세기 두 번의 세계 대전과 유럽에서의 수많은 국지전을 거치면서 비약적인 발전을 하였습니다. 이전에 쓰던 약이라고는 집시들이 사용했던 구전된 약들이 전부였고 치료에 적절치 않은 것들이 즐비하였습니다. 약학 지식은 동시대 수천 년의 실증을 거쳤던 동양의학과 비교하여 매우 낮은 수준을 가지고 있었습니다. 서양의학은 시체를 부검하고 인간의 외형적인 관찰 및 연구를 바탕으로 진행하면서 외과적인 지식으로부터 의학이 발전했다고 합니다. 인간의 신체 일부에 외상성 상처가 나고 상처가 곪은 것이 퍼져나갈 때, 이것을 중단시키지 않으면 고열을 동반하면서 사망한다는 것을 알고 있었습니다. 어떤 것에 감염되었고 그것이 온 몸으로 번져간다고 알았습니다. 예, 파상풍이지요. 그래서 큰 상처를 입었을 경우, 특히 전쟁 중 총상을

입었을 경우 상처입은 팔, 다리를 절단하거나 환부를 벌려 총알을 꺼내는 등의 수술을 하였습니다. 틀리지 않은 접근입니다만…… 문제는 수술 후 환자의 회복이었습니다. 수술 후 환자의 사망률이 50~60%가 넘었다는 사실은 실제 기록에도 남아 있습니다. 어떤 기록에 따르면 수술을 한 후 사망률이 수술을 하지 않았을 경우 사망률보다 높았다는 이야기가 있을 정도니 이건 웃어야 할지, 울어야 할지 모를 일입니다. 왜 그랬을까요? 네, 그 당시만 하더라도 위생에 관한 개념, 즉 미생물의 감염을 방지하는 것이 얼마나 환자에게 중요한지 그리고 어떠한 방법으로 미생물을 환자로부터 분리시키는지 그 방법을 몰랐던 것이었습니다. 그리고 의사들이 그 방법들에 대해 무지해도 너무 무지하였습니다.

| 좀 씻자: 살균 |

이그나스 제멜바이스(Ignaz Semmelweis)는 1818년 헝가리에서 태어난 산부인과 의사입니다. 그는 자신이 근무하던 빈 종합병원(Vienna General Hospital)의 산부인과에서 의사를 통해 아이를 출산하는 산모의 사망률이 산파를 통해 아기를 출산하는 경우보다 세 배 이상 높다는 것을 알게 됩니다. 그리고 그 차이를 조사하면서 산부인과 의사가 의료 시술을 할 때 산파보다 위생적이고 깨끗하지 못하다는 결론에 도달합니다. 그래서 1847년 자신의 저술에 의사들이 출산하는 임산부에게 의료적 처치를 하기 전에 염소(chlorine) 처리된 물에 손을 3번 정도 씻으면 산욕열(Puerperal fever)로 인한 임산부의 출산 사망률을 1%로 낮출 수 있다고 발표합니다.

네…… 그 당시 의사들은 환자를 진찰할 때 그리고 환자에게 외과 수술을 하기 전에 손을 씻는 것조차 하지 않았던 것입니다. 환자를 진찰하고 난 뒤에도 손을 잘 씻었는지 의문입니다. 바쁠 때는 그냥 이 환자, 저 환자를 누비며 다니고 다 끝나고 집에 들어가고 나서나 씻었을 것으로 생각됩니다. 위생이라는 개념의 초기 선구자로 여겨지고 존경받아야 마땅한 제멜바이스 선생님은 1865년 47세의 나이로 아주 불행하게 사망하게 됩니다. 그 당시 의학계는 의사들이 단지 손을 씻는 것만으로 환자들의 사망률을 떨어뜨릴 수 있다는 사실을 받아들이지 못하였습니다. 아마 자신들이 손을 씻어야 한다는 것을 남에게 가르침을 받는다고 착각하여 그 사실을 참지 못하였을 수도 있습니다. 그리고 그 당시 유럽의 의학계는 헝가리의 이름 없었던 한 의사(제멜바이스)를 따돌리기 시작합니다. 결국, 그 의사는 정신적인 충격을 받아 생활이 힘들어하던 와중 신경쇠약 증세로 1865년 동료 의사들에 의해 정신병동에 입원하게 됩니다.

이그나스 제멜바이스(Ignaz Semmelweis)는 소독 절차의 초기 선구자로 알려진 헝가리의 의사이자 과학자이다.(출처: wikipedia)

그리고 14일 후 정신병동을 관리하던 관리인(guard)의 몽둥이에 맞아 사망하게 됩니다.

| 역시 잘 씻는 것이 중요해 |

인류 최초의 염소 소독을 발명하고 의료체계에 도입하려 하다가 불운한 생을 마친 이그나스 제멜바이스(Ignaz Semmelweis)의 노력은 얼마 가지 않아 후배 학자들에 의해 인정받게 됩니다. 먼저, 프랑스 불세출의 미생물학자 루이 파스퇴르(Louis Pasteur)의 Germ theory of disease의 확립으로 '감염(infection)'이라는 이론이 정립됩니다.

모두 '생물속생설'에 대해서는 알고 계실 겁니다(모르시면 앞에서부터 다시……). 생물속생설은 생물이 자연스럽게 그냥 만들어질 수도 있다는 자연발생설을 학술적으로 부정했고, 고대 과학자 아리스토텔레스를 꺾었다는 의미 이외에도 의학적으로 아주 중요한 의미가 있습니다. 미생물이 우리의 몸 안에 들어와서 질병이 발생한다면 그 미생물을 제거하거나 미생물이 몸 안에 존재하지 못하게 하면 됩니다. 만약 자연발생설이 옳다면 미생물의 침입에 의한 질병은 아주 자연스러운 현상이므로 예방이 의미가 없게 됩니다. 하지만 생물속생설이 옳다면 미생물이 없었던 우리 몸 안에서 생성될 수 없으므로 반드시 몸 밖에서 들어온 것이 원인이 됩니다. 즉, 몸 밖에서 들어오는 것을 막으면 질병을 '예방'할 수 있다는 이야기입니다. 미생물 감염병의 예방의학이 가능해지는 것입니다. 미생물의 감염에 의한 질병이 "아, 주변에 쥐가 있으면 쥐를 매개로 하는 감염병, 그건 그냥 생기는 것이야"가 아니라 "물리적 이동에 의한 감염을 막으면 미생물 감염병을 막을 수 있어"가 되는 것입니다. 물론 이런 생각들은 예전에도 있었고 생활의 지혜를 통해 깨끗하고 밝고 건조한 환경에서는 질병이 잘 걸리지 않는다는 것을 알고 있었습니다. 단지 상당수의 학자들은 그것을 생활의 지혜로만 받아들였지요.

다행히도 의료행위에서 위생에 대한 관념은 제멜바이스의 사망 이후 의료계에 점차 퍼져 나가기 시작합니다. 조셉 리스터(Joseph Lister)라는 영국의 런던 대학교(University College, London)를 졸업한 유명한 외과 의사가 있었습니다. 리스터 박사는 파스퇴르의 이론을 읽고 그 영향을 받았습니다. 그는 외과 의사로서 미생물의 감염을 막기 위해 5%의 페놀(Phenol)에 외과 수술기구와 수술실을 소독하여 제멜바이스가 사망한 해와 같은 해인 1865년에 이 소독의 효과를 확인합니다. 그리고 1867년에는 지금도 유명한 란셋(The Lancet)이라는 저널에 두 편의 논문을 발간합니다(치사하게 단독 저자로 말입니다). 이로써 리스터는 지금도 현대 외과수술의 아버지로 의학적 소독의 개척자로 존경받고 있습니다. 네, 현대에는 그분의 이름을 딴 생활 위생용품도 있지요. 구강청결제인 리스테린이 그것입니다. 그리고 얼마 전까지도 상기도, 구강 및 신체 외부의 살균용으로 5% 페놀(phenol) 희석액이 사용되었습니다. 하지만 요즘은 페놀 자체의 독성 때문에 잘 사용하지는 않습니다.

| 깨끗하게 살자 |

위생의 중요성은 다른 곳에서도 과학적으로 증명되었습니다. 여러분은 현대 간호학의 어머니, 간호하는 천사의 이미지를 만든 영국의 플로렌스 나이팅게일(Florence Nightingale)을 알고 계실 것입니다. 환자의 곁을 지키고 헌신하며 환자의 상처를 닦아주고 늘 깨끗한 환경을 제공해 준 헌신의 아이콘……이라고 저는 어릴 적에 위인전에서 읽었습니다. 음…… 솔직히 위인전이 너무 과했지요. 너무 헌신과 봉사의 이미지만 강조하다 보니 지금도 고생하고 있는 우리 간호사님들에게 너무나 당연하게 많은 것들을 요구하는 단초를 제공하고 있는 것 같습니다. 아무튼, 나이팅게일은 자신의 모든 것을 갈아 넣어 간호하는 모습의 교과서와도 같았습니다.

나이팅게일은 러시아, 오스만 제국, 영국, 프랑스, 사르데냐-피에몬테 왕국이 치열하게 싸우며 60만 명 이상의 사상자를 만든 크림전쟁(Crimean war)에도 참여하면서 환자들을 간호하였고, 이 경험을 바탕으로 1860년에는 성 토마스 병원(St. Thomas Hospital)에 최초의 간호학교를 창설하여 간호사 양성교육을 시작했습니다. 나이팅게일의 교육은 끊임없은 헌신의 강조였습니다. 헌신으로 환자를 깨끗하게 유지하고 매일 씻기고, 붕대를 갈아주는 등 환자를 위한 노력을 이야기했고, 위생의 중요성을 교육했습니다. 또한 그녀는 환자 한명 한명에 대한 기록을 만들어 관리하는 환자의 기본 관리체계를 형성했습니다. 본인의 부지런하고 희생적이었던 경험을 바탕으로 한 교육이었지요. 그래서 현대의 과학 체계에서는 나이팅게일의 전문 분야를 병원 위생과 소독(살균)으로 이야기하곤 합니다. 하지만 나이팅게일의 가장 중요한 점은 사실 다른 곳에 있습니다.

나이팅게일은 사실 '의료 통계학'의 창시자에 가깝습니다. 조금 더 과장하자면 생물 빅데이터 학문의 어머니로 불러도 별로 틀린 이야기는 아닙니다(좀 너무 나갔나요?). 이분의 무서운 점은 자신이 간호한 수많은 환자의 관리경험을 전부 기록했다는 것입니다. 그 기록을 바탕으로 환자를 관리하는 교과서를 쓰기도 하였지만, 위생과 소독, 청결의 중요성을 증명하는 통계적 실증 자료로 더 중요하게 사용되었습니다. 한두 명이 아닌 수백 명 단위의 의료 증거로 말입니다. 그 당시 의사들이 가진 자료보다 더 많은 양의 더 오랜 시간에 걸친 자료를 가지고 제시할 수 있었기에 의료행위 이후 환자가 회복하는 과정에서 위생의 중요성을 그 누구도 부정하지 못한 것입니다.

이렇게 사람들은 미생물을 인간들의 삶에서 배제하기 위해 조직적으로 연구하고 노력하였습니다. 의료 분야에서 살균과 소독, 청결 이외에도 우리 미생물학 가문의 천재 파스퇴르는 저온 살균법(발병자의 이름을 따 pasteurization이라 합니다.)을 발명하여 식품 분야에 적용합니다. 이후 영국(정확히는 아일랜드입니다)의 물리학자 존 틴들(John Tyndall)에 의해 1881년에 미생물 포자까지 살균할 수 있는 Tyndallization 방법이 발명되어 지금까지도 사용하고 있습니다. 참고로 존 틴들은 다른 의미에서 천재 과학자라고 불립니다. 대기학자로서 green house 효과를 처음 발견하였고, 빙하학 및 산악등반에도 일가견이 있으면서, 물리학자로 자외선 분광학, 적외선 분광학, 흡광분광계 등 다양한 분야의 연구를 한 과학자입니다.

이제 인간은 20세기, 1900년대가 시작하고 나서야 조직적인 살균, 소독, 위생의 이론과 실전으로 무장할 수 있었고, 드디어 미생물을 인간의 생활로부터 배제하고자 하는 미생물과의 전쟁을 시작합니다.

마지막으로 저는 이그나스 제멜바이스가 영국과 프랑스의 학문의 중심에서 활동한 유명한 과학자가 아니라, 단지 헝가리 변방 출신의 힘없는 의사여서 불행하게 생을 마감한 것이 아니라고 믿고 싶습니다. 단지, 시대를 앞서간 선구자였기 때문에 동시대의 의사와 과학자들이 그의 의견을 받아들이기 힘들었을 것이라고 믿으면서 인간들이 미생물과 전쟁을 하기 위한 두 번째 무기인 '백신'으로 넘어가겠습니다.

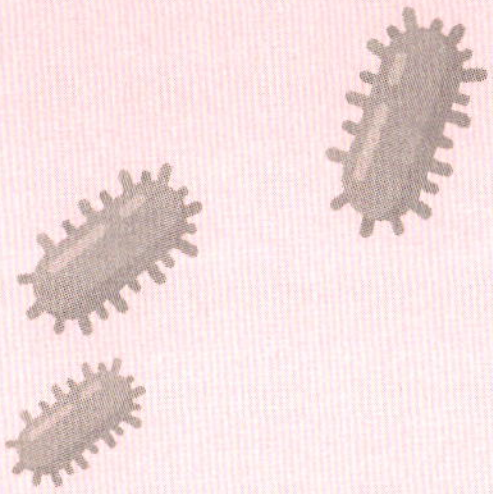

2

미리 준비하기: 숨어있는 저격수

| 예방접종(Vaccination), 인간이 가지는 두 번째 무기 |

겨울이 다가오고 있습니다. 지금 이 글을 작성하는 시기는 전 세계적으로 코로나바이러스(COVID-19)가 창궐하고 있는 시기입니다. 코로나바이러스의 백신 개발과 함께 인플루엔자 백신과 예방접종에 관한 이야기가 최근에 많이 나오고 있습니다.

혹자는 인플루엔자 백신을 독감백신이라고도 이야기합니다만, 인플루엔자 백신이 맞는 이름인 것 같습니다. A형, B형 등 무슨형 인플루엔자 백신이라고 하면 더 좋을 것 같습니다. 독감은 독한 감기의 줄임말입니다. 가벼운 발열과 더불어 기침 등의 호흡기 이상 증상을 보이는 질병을 감기라 통칭하기에 사실 코로나바이러스 감염에 의한 질병도 독감의 하나라고 볼 수도 있습니다.

감기는 바이러스 이외에 세균감염 등 워낙 많은 원인이 있을 수 있습니다. 이미 유행하였던 사스(SARS), 메르스(MARS)는 모두 코로나바이러스에 의한 감염으로 발생하고, 우리가 계절 독감으로 알고 있는 것은 인플루엔자 바이러스에 의한 감염 때문에 발생하고 있습니다. 역사 이래 인간들을 가장 괴롭혀 왔던 질병 중 하나인 감기의 정확한 범인을 지목하고 이름을 특정하여 불러 주고 싶습니다. 나쁜 녀석들……

사실 사람들은 아직 바이러스를 죽이는 효과적인 무기를 가지고 있지는 않습니다. 인플루엔자 독감의 치료제로 알려진 타미플루도 바이러스를 죽이는 약이 아닌 바이러스가 퍼져 나가는 것을 막아 주는 약입니다. 이 약은 바이러스가 하나의 세포에서 다른 세포로 넘어가는 것을 방해합니다. 따라서 독감에 걸렸을 초기에 약을 먹지 않으면, 이미 바이러스가 온몸에 퍼져버려 별 효과가 없습니다. 결국 바이러스와 싸우는 것은 환자 자신의 면역기능입니다. 단지 바이러스의 숫자를 줄여줄 뿐이지요.

사실 우리가 감기약이라고 먹는 약들에서 항생제를 제외하면, 병의 원인인 병원균을 타격하는 약은 거의 없습니다. 대부분 열은 낮춰주고, 기침과 콧물이 흐르는 것을 줄여주고, 염증을 가라앉혀주고, 몸의 통증을 감소시켜 줍니다. 전부 증상에 대응하여 증상을 완화시키는 대증요법 약입니다. 따라서 감기약을 먹고 감기가 다 나았다고 방방 뛰어다니면 곤란합니다. 증상이 잠시 가라앉은 것일 뿐이지 감기 자체가 몸에서 사라진 것은 아닙니다.

그럼 이러한 약들이 그럼 효과 없냐고요? 그렇지는 않습니다. 이런 약들은 과하지 않은 범위에서 적절히 사용하였을 때 우리의 몸이 감기와 싸울 수 있게 도와주고, 무엇보다 세균이나 바이러스와 싸울 수 있도록 우리 몸의 균형을 맞춰 주는 일을 합니다. 그리고 감기 혹은 질병으로부터 발생하는 증상에서 우리의 몸을 보호하는 중요한 역할을 합니다.

몸에 열이 너무 높으면 뇌와 다른 장기에 손상이 발생하면서 면역기가 세균들과 싸워보지도 못하고 큰일이 납니다. 염증이 너무 심하면 면역기가 균형을 잃어 우리 몸에 엉뚱한 결과를 발생시키기도 합니다. 기침이 너무 심하면 폐나 기관지에 손상이 올 수도 있고, 가슴 근육에 무리가 와서 고통받기도 합니다. 네, 감기에 걸리면 의사 선생님이 처방하는 약을 먹고 충분히 쉬어야 합니다. 우리 몸이 힘을 내서 감기와 싸울 수 있게요. 결국 우리 몸의 가장 강력한 무기는 우리 몸 자체입니다.

예방접종은 백신을 맞는 행위, 즉 백신을 우리 몸 안에 집어넣는 것을 이야기합니다. 네, 사람들이 개발한 미생물과 싸우는 두 번째 무기가 바로 백신입니다. 우리 몸을 지키는 것은 우리 몸이지만 우리 몸과 한 편이 되어 도움을 줄 수 있는 중요한 것 중 하나가 예방접종입니다.

우리 몸이 외부에서 들어오는 적과 싸우는 방법은 크게 두 가지, 좀 더 나누면 세 가지입니다. 첫 번째로 우리 몸에 들어오는 것들을 물리적으로 막습니다. 두꺼운 피부와 점막 등이 있지요. 두 번째로 침입하여 들어온 자리에서는 혈관을 돌아다니는 경찰, 예비군, 상비군 등의 도움을 받아 침입자들과 국지전이 일어납니다. 염증(inflammation)이 대표적인 증상이자 결과물입니다. 그러나 이 국지전이 온몸에서 펼쳐지는 전면전으로 확장되면 문제가 심각해집니다. 무시무시한 패혈증이 그 예입니다. 마지막 세 번째는 침략자와의 국지전을 도와주기 위해 우리 몸의 면역체계가 침략자 맞춤형 대응군을 파견하기 시작합니다. 침략자의 특성에 맞는 무기를 준비하고 국지전에 파병합니다. 소집된(혹은 생산된) 병력을 훈련하는 데 시간이 좀 걸리긴 하지만 일단 만들어지면 매우 효과적으로 전쟁을 치를 수 있습니다.

예방접종이란 바로 이 세 번째 대응과정에서 침략자 맞춤의 집단 대응군을 미리 소집 및 훈련시키는 것입니다. 어느 날 갑자기 미생물이 쳐들어와도 바로 대응할 수 있도록 조기 진압을 도와주는 것입니다. 실제 전쟁도 마찬가지지만 미생물과의 전쟁에서는 초기 대응과 조기 진압이 절대적으로 중요합니다. 미생물은 두 배씩 기하급수적으로 증식합니다. 미생물이 침입했을 때, 바로 조기 대응하면 간단히 제압할 수 있지만 한 번의 증식기를 놓치면 두 배의 숫자로, 두 번의 증식기를 놓치면 네 배의 숫자로, 세 번의 증식기면 벌써 여덟 배의 미생물들이 날뛰게 됩니다. 10명의 경찰이 10명의 도둑을 잡기는 쉽지만 도둑들이 80명이 되면 잡는 것이 불가능해지는 것과 같습니다.

예방접종을 하지 않아서 인체 면역 중앙사령부의 방어군이 늦게 투입되면, 이미 나쁜 감염균이 빠르게 증식하면서 우리 몸 전체적으로 퍼져 장기전에 빠지게 됩니다. 심하면 감염균의 증식 속도를 막지 못해 제대로 방어하기도 전에 전쟁이 끝나기도 합니다. 미리 예방접종을 하여 감염균에 대한 대비가 되어 있었다면 우리 몸의 골수에 위치한 면역기가 즉각 반응하여 조기 진압에 성공할 수 있었겠지요. 면역기도 고생을 덜하고요(면역기가 무리하여 정신을 못 차리면 우리 몸에 심각한 부작용이 생길 수 있답니다).

사실 인간은 예방접종에 대해 오래전부터 알고 있었습니다. 한번 특정 질병에 걸린 사람은 다시 그 질병을 앓지 않는다든지, 아니면 다시 앓더라도 가볍게 떨쳐 이겨낼 수 있다든지 역사 속 경험을 통해 알고 있었던 것입니다. 천연두에 걸렸을 때, 처음에는 이겨내기는 힘들더라도 일단 한번 천연두를 겪고 나면 다시는 천연두가 걸리지 않는다는 것은 동서양을 막론하고 경험을 통해 알고 있습니다. 2세에서 5세 사이의 영유아들이 잔병치레가 많더라도 그 시기를 잘 버텨내면 이후에 건강하게 잘 자라는 것 또한 잘 알려진 이야기입니다.

단지 첫 번째 감염이 되었을 때 어떻게 잘 버티느냐가 중요한 관건입니다. 이렇듯 특정 감염에 대해 미리 경험하게 하는 것, 자연적이 아닌 인위적으로 우리의 면역기를 학습시키는 것이 바로 예방접종입니다. 네, 미리미리 열심히 가르쳐 똑똑한 면역기를 만드는 것이지요.

이와 같은 예방접종은 아이들의 유아 사망률을 획기적으로 낮췄습니다. 아이들이 세상에 태어나 자라면서 새로운 환경에 노출될수록 동시에 많은 미생물에도 노출됩니다. 이런 과정에서 우리의 면역기는 주변 환경 미생물을 인식하고 그에 대응하는 법을 배우게 됩니다. 하지만 미생물에 처음 노출되었을 때 우리 몸이 버티지 못하거나, 위험한 미생물인 경우 매우 위험한 상황에 부닥치게 됩니다. 이러한 과정 자체는 환경에 적응하는 과정으로 자연의 잔인한 법칙인 자연선택설을 따르는 것으로도 볼 수 있습니다.

인간은 자연에서 당연하게 발생하고 있는 환경에 적응하는 과정을 인간의 노력과 과학으로 극복하였습니다. 예방접종이 널리 퍼진 오늘날 우리나라의 유아 사망률은 1%도 되지 않지만, 예방접종을 시행하던 이전 시대에는 유아 사망률이 50%에서 심하면 80%까지 높아지기도 하였습니다. 잔인한 시대였습니다. 지금 우리나라를 비롯한 다른 나라들은 영유아의 예방접종을 법제화하였습니다. 당연히 예방접종을 해야 하고 국가에서 비용을 지급합니다. 예방접종은 예방접종을 하는 아이들뿐만 아니라 우리들의 사회를 유지하기 위해서도 필요합니다.

| 천연 백신의 개발자: 제너 |

어릴 때는 위인전을 많이 읽으면서 사회에 훌륭한 업적을 남긴 사람들에 대해 알아갔습니다. 그리고 꿈을 키우며 사회에 공헌하는 방법도 배웠습니다. 영국의 의사였던 에드워드 제너(Edward Jenner)는 의학의 발전에 공헌한 위인 중에서 항상 빠지지 않았습니다. 그는 인류 최초의 백신 개발자이며, 백신을 널리 보급한 사람으로 칭송을 받았었습니다. 그가 행한 백신을 접종하는 방법을 '우두법'이라고 하였습니다. 제너가 예방접종으로 해결한 질병은 천연두(smallpox)였습니다. 천연두는 그 당시 인류에게는 상당히 골치 아픈 질병으로 동서양을 막론하고 유아 사망률을 올리는 데 혁혁한 공헌을 한 질병이었습니다.

앞서 가축과 인간은 비슷한 감염병을 걸리는 경우가 많다고 하였습니다. 천연두 또한 비슷하게 소(cow)에게도 걸렸는데, 이를 우두(cowpox)라 하였습니다. 아, 물론 같은 바이러스는 아니었습니다. 우두 바이러스는 *Orthopoxvirus*라는 천연두 바이러스인 *Variola virus*와 매우 비슷하였고 증상도 가벼웠습니다. 제너는 우두 바이러스에 한번 감염되었던 사람들은 천연두에 걸리지 않는다는 것을 알게 되었고, 이 우두 바이러스를 이용하여 인위적으로 예방접종을 시행했습니다. 제너는 스무 번이 넘는 임상 시험 후 1798년에 'Inquiry into the *Variolae vaccinae* known as the Cowpox'라는 논문을 출간합니다. vaccine(백신)과 vaccination(예방접종)이라는 단어는 여기서 유래되었습니다. 그리고 영국 왕립의학회로부터 이 방법을 인정받고 널리 보급합니다. 이때부터 인간은 질병과 싸우는 무기를 한가지 얻게 된 것입니다.

제너의 업적은 인간을 위한 훌륭한 업적임에 틀림이 없지만 저는 몇 가지 맘에 들지 않는 점이 있었습니다. 훗날 따로 전해진 말로는 이 '우두법'이 제너만의 독창적인 아이디어가 아니었다고 합니다. 우두법은 그 당시 유럽을 떠돌던 집시들에게 전승되어 내려온 민간요법이었고 영국에서는 Lady Mary Montagu라는 여성이 먼저 전파하였다고 전해지고 있습니다. 단지 집시들의 비방과 이 여성은 의사가 아니었고 기록되지도 않았기 때문에 그 독창성을 인정받지 못하였다고 합니다. 제너는 단지 우두법에 대한 이야기를 듣고 의사로서 실험한 것뿐이라고도 합니다. 물론 전승된 민간요법을 실험으로 증명하고 학계에 발표하여 의사 사회에 끌어들인 공로는 무시할 수 없는 점입니다.

또 하나 정말 마음에 들지 않는 것이 있습니다. 제너가 우두법에 대한 이야기를 듣고 직접 실험을 하는 과정에서 우두에 걸린 소의 고름을 건강한 아이에게 인위적으로 접종합니다. 그리고 아이가 가벼운 증상을 보이고 회복한 것을 확인한 다음에 천연두나 천연두에 걸릴 수 있는 다양한 것들을 다시 아이에게 인위적으로 접종합니다. 음…… 과학자로서 마음에 들지 않습니다. 물론 과학의 발전에는 많은 희생이 따랐었던 것은 사실입니다. 때로는 전쟁 중 엄청난 과학의 발전(특히 의학의 발전)을 가져오기도 합니다.

앞서 이야기했던 나이팅게일의 간호학도 결국 전쟁 중에 수집한 결과를 바탕으로 초석을 다지고 발전하게 된 것입니다. 하지만 제너는 자신의 집 하인의 아이를 대상으로 인체실험을 강행하였습니다. 본인의 이론을 증명하기 위해 실패하면 천연두에 걸릴 수도 있는 실험을 진행하였던 것이지요. 단지 결과가 성공적이어서 다행이었지만 말입니다. 제너의 이러한 실험 과정을 현대 연구 윤리에 비추어서 어떻게 받아들여야 할지 모르겠습니다. 영국에서야 뭐… 100명의 위대한 영국인 중 한 명에 뽑혔지만요.

| 진정한 백신의 개발자: 파스퇴르 |

제너가 보급한 우두법은 천연두를 퇴치한 훌륭한 방법이었습니다. 이제 인류는 천연두 예방접종을 하지 않습니다. 1980년에 세계보건기구(World Health Organization; WHO)는 예방접종을 통해 인류 최초로 특정 질병을 퇴출했다고 결론지었습니다. 너무 많은 숙주(인간)가 오랫동안 예방접종을 했기 때문에 이제 천연두 바이러스는 인간 사회에서 전멸했다고, 적어도 앞으로는 인간 사회에 문제를 일으키지 못할 정도로 감소했다고 결론을 내린 것입니다. 그런데 제너의 예방접종에는 한가지 문제가 있었습니다. 천연두를 예방하기 위해서는 우두(cowpox)와 같이 천연두 바이러스와 유사하면서도 인간에게는 문제가 되지 않는 바이러스를 자연계에서 찾아야 했습니다. 이건…… 정말로 짚더미에서 바늘을 찾는 것과도 같았고 운도 너무나 좋아야 했습니다. 그래서 과학자들은 인위적으로 이러한 효과를 내는 바이러스를 만들거나 무엇인가를 만들 수 있지 않을까 연구를 시작하였습니다.

1822년에 프랑스에서 태어난 루이 파스퇴르(Louis Pasteur)는 진짜 천재임이 틀림없습니다. 미생물학자로서 현대 미생물학의 기반을 만들고 식품 미생물학, 발효공학의 기초를 세워 좋은 미생물인 말 잘 듣는 미생물의 영역까지 개척했음을 물론이고, 생물학과 의학 분야에서 혁혁한 공헌을 했습니다. 더불어 화학 분야까지 연구하여 광학이성질체인 racemic mixture까지 연구성과를 내는 놀라운 능력을 보여주었습니다. 사실 더 놀라운 것은 이 분은 그냥 연구만 하는 공부벌레가 아니라 사업 수완도 좋아서 자신의 연구성과를 실제 생활에 적용하여 포도주 및 맥주 공장 컨설팅과 인공 백신 생산을 통해 수입도 상당히 만들기도 하였습니다. 발명가인 토머스 에디슨과 더불어 성공한 과학자와 공학자의 모델 중의 한 분이지요.

파스퇴르는 현재 우리가 쓰고 있는 백신과 같은 아이디어를 가지고 백신을 개발했습니다. 파스퇴르는 미생물을 살균하여 번식 능력을 없애 버리면 접종하더라도 질병을 발생시키지 못할 것으로 생각하였습니다. 그리고 우리의 면역기가 그 미생물을 인식하면서 예방접종의 기능을 수행할 것으로 보았습니다. 탁월한 통찰력이었습니다.

현대 예방접종은 특정 미생물의 일부, 번식 능력이 없고 죽은 미생물, 독성이 매우 약화된 미생물을 백신으로 사용합니다. 파스퇴르와 같은 아이디어입니다. 파스퇴르는 이러한 가설을 바탕으로 동물울 대상으로 하는 동물용 백신을 먼저 만들기 시작합니다. 탄저균(Bacillus anthracis)에 대한 백신입니다. 탄저균은 사람과 가축이 함께 감염될 수 있는 인수 공통 감염병으로 인체에 들어오면 매우 강한 독성을 발휘하는 무서운 균입니다. 지금 세계적으로는 바이오테러균으로 지정되어 있고 실제 미국 911사태 이후 미 의회를 대상으로 한 테러에서 사용되었습니다. 파스퇴르가 살던 시대에 탄저균은 가축, 특히 소들을 감염시켜 죽이고 더불어 인간에게까지 전염되던 골치 아픈 병이었습니다. 파스퇴르는 페놀을 이용하여 죽인 탄저균의 병원균(Robert Koch가 발견했지요)을 사용하여 백신을 제조했고 그 효과를 입증하였습니다. 그리고 1879년에는 닭 콜레라(chicken cholera), 1882년에는 돼지 단독(swine erysipelas)의 백신을 개발하기도 하였습니다.

1885년에 드디어 파스퇴르는 인간을 대상으로 하는 백신을 만들게 됩니다. 그 당시에 들개들은 늑대 이상의 무서운 존재였습니다. 특히 야생의 들개들이 공유하는 광견병은 한번 물리면 들개를 피해 도망쳐 나오더라도 사망에까지 이르는 치명적인 질병이었습니다. 광견병을 유발하는 바이러스(Rabbies virus)는 감염되면 신경계를 타고 중추신경계로 올라가 대뇌에서 번져 감염된 개체를 사망케 하였고, 그 치료제는 지금까지도 존재하지 않는 무서운 질병입니다.

파스퇴르는 광견병에 걸린 들개들의 신경에서 광견병 바이러스를 얻을 수 있었고 다양한 처리를 통해 바이러스를 약화시켰습니다. 그리고 이것을 백신으로 이용하여 개를 대상으로 한 50번 이상의 동물실험을 거쳐 효과를 확인하였습니다. 1885년에는 광견병에 걸린 들개에게 심하게 물린 9살 아이에게 사용하여 아이가 광견병에 걸리지 않는 것을 확인하였습니다. 사실 파스퇴르는 의사가 아니었기에 이러한 행위는 그 당시에 법적으로 위험한 일이었습니다. 지금과 마찬가지로 그 당시에도 의사 면허증을 가지지 않은 사람이 치료행위를 하면 위법으로 법적 처벌을 받을 가능성이 있었습니다. 이후 파스퇴르는 자신감을 얻어 인간을 대상으로 하는 실험을 계속하였고, 결국에는 성공하였습니다. 파스퇴르의 이러한 성공을 통해 수많은 백신이 탄생하였고 지금까지도 계속 개발되면서 사람들에게 사용되고 있습니다.

마지막으로 한가지 첨언할 것이 있습니다. 파스퇴르에게는 피에르 폴 에밀 루(Pierre Paul Émile Roux)라는 훌륭한 제자 겸 공동연구가가 있었습니다. 1853년에 출생한 루(Roux)는 1878년부터 파스퇴르의 실험실에서 파스퇴르와 같이 연구를 하면서 1883년에 파스퇴르 연구소(Pasteur Institute)의 공동 창업자가 되었습니다. 루는 파스퇴르가 수행한 대부분의 백신 연구를 같이 수행하였으며,

특히 광견병 백신의 경우에는 루가 처음으로 백신을 생산하였다고 합니다. 루의 이름은 파스퇴르라는 이름에 가려져 상대적으로 덜 알려져 있으나 그 또한 미생물학의 발전에 끼친 영향은 지대합니다. 그리고 파스퇴르의 이름이 시대를 넘어 널리 퍼진 배경에는 루의 공헌 역시 지대했기 때문이었고, 그의 이름도 역사 속에 기억되었으면 합니다.

3

항공지원: 융단 폭격

| 항생제(antibiotics), 인간이 가지는 세 번째 무기 |

인간은 미생물에 대항하기 위해 예방접종이라는 매우 훌륭한 무기를 얻었습니다. 이것은 생명체의 탄생 이후 환경에 적응하는 자연선택 과정을 극복하려는 인간 노력의 결실입니다. 그리고 이 결실은 유아 사망률의 극적인 감소로 이어졌고 이후 산업이 발달함에 따라 인류가 지구 위에서 폭발적으로 증가하는 단초가 되었습니다. 그러나 예방접종은 면역기능의 선행 학습일 뿐입니다. 면역기는 선행 학습한 것에 대해서는 즉각적으로 대응할 수 있지만, 선행 학습으로 배우지 않은 침입자에 대해서는 쉽게 대응하지 못할 수밖에 없습니다. 그리고 한 가지가 더 있습니다. 예방접종은 방어적인 성격이 강합니다. 미리미리 성벽을 쌓아 놓고 특정한 침입자에게만 대응하는 저격수 집단을 감추어 놓는 것입니다.

과학자들은 뭔가 아쉬운 것이 생기기 시작했습니다. 미생물이 침입했을 때, 방어 위주인 국지전뿐만 아니라 뭔가 "쾅!"하고 터지는 강력한 공격을 가할 수 있는 미사일이나 폭탄 같은 강한 무기가 있으면 했습니다. 모르는 사람들이 보면 무슨 만병통치약 같은 모습이겠네요. 그렇습니다. 인간들은 미생물과 싸울 수 있는 내 몸의 방패를 넘어 외부를 공격할 수 있는 칼을 찾기 시작하였습니다.

| 최초의 항생제 살바르산: 폴 에를리히 |

항생제(antibiotics)의 최초 발견자는 알렉산더 플레밍(Alexander Fleming)이라고 알려져 있습니다. 물론 플레밍이 미생물인 곰팡이로부터 페니실린이라는 항생물질을 최초로 발견하였고, 산업적 대량 생산까지 이끌어 일반 환자들에게 널리 보급한 공헌은 매우 큽니다. 하지만 미생물을 죽이는 화학물질을 항생제라고 통칭한다면 페니실린 이전에도 항생제는 존재하였습니다. 뿌리고 닦으면서 미생물을 제거하는 제균용 물질인 각종 식물 추출물, 알코올, 페놀 등을 제외하고도 말입니다.

최초의 항생제는 사람들이 화학 반응으로 합성한 합성 항생제였습니다. 항생제의 개발은 미생물 염색약(dye)에서부터 시작되었습니다. 미생물을 현미경으로 직접 관찰하기 시작하면서 미생물을 조금 더 정확하게 관찰하기 위해 미생물 염색약이 개발되기 시작하였습니다. 재미있게도 미생물 염색약을 미생물에게 사용하면 약품이 미생물 내부로 침투하였고 염색된 미생물은 대부분

폴 에를리히(Paul Ehrlich)는 독일의 생물학자이자 미생물학자이다. 그는 혈액학, 면역, 화학요법의 기초를 마련하였다.(출처: wikipedia)

죽어버렸습니다. 물론 이 과정에서 염색약을 만진 과학자의 손도 염색되기는 하였지만 인체에 크게 나쁜 영향을 주지는 않았습니다.

20세기 초반, 독일의 과학 수준은 동시대 세계 최고 수준을 달리고 있었습니다. 수많은 화학자, 생물학자, 미생물학자, 물리학자들을 배출하였습니다. 로베르트 코흐(Robert Koch)와 동시대를 살며 교류했던 독일의 또 다른 위대한 생물학자이자 미생물학자로는 폴 에를리히(Paul Ehrlich)가 있습니다. 에를리히는 미생물을 염색하는 염색약에는 색소(dye)와 함께 미생물에 침투하여 미생물만을 죽일 수 있는 어떠한 화학물질이 있지 않을까 생각하였습니다. 그리고 이러한 가설을 바탕으로 인간들이 합성하는 화학물질을 이용하여 질병을 치료할 수 있는 화학요법(chemotherapy)을 제시하였고 이는 현대 합성의약품 개발의 시초가 되었습니다. 그 당시 에를리히는 특정 미생물을 죽일 수 있는 화학약품을 개발하려 하였고 특히 비소가 포함된 화학약품 개발에 매진하였습니다.

공동연구자인 알프레드 베그테힘(Alfred Bertheim)은 벤젠(benzene)에 비소가 붙어있는 화합물을 합성하여 제공하였습니다. 그리고 이것을 바탕으로 에를리히는 일본에서 온 공동연구자인 사하치로 하타(Sahachiro Hata)와 같이 Arsphenamines, 상품명 살바르산(Salvarsan)을 개발하게 됩니다. 이 화합물은 분자 안에 비소(As) 원자를 가지고 있으며, 19세기 말에서 20세기 초까지 가장 흔한 세균성 감염으로 세간에 널리 퍼진 매독의 치료를 위해 한동안 널리 사용되었습니다. 비소를 사용한 살바르산은 동서양에서 독극물로 여겨지고 있고 간, 신장 출혈 등 부작용 때문에 현재는 현장에서 사용하고 있지 않습니다.

사실 살바르산은 발명된 이후에도 수많은 이유로 우여곡절을 겪었습니다. 앞서 이야기한 것처럼 살바르산이 가지고 있는 독성 때문에 임상 시험 도중 사망자가 나와 문제가 되기도 하였고, 다른 과학자가 발명 우선권을 주장하여 재판에 넘겨지기도 하였습니다. 또한 성병인 매독을 치료할 수 있게 되면서 사회적으로 성적 문란을 걱정하는 집단에 의해 비난받기도 하였습니다. 하지만 인류는 살바르산을 합성하면서 드디어 질병과 싸울 수 있는, 미생물을 죽일 수 있는 화학물질을 인간의 손으로 만들기 시작하였습니다.

에를리히는 천재에 가까운 과학자였습니다. 생물학자, 화학자, 면역학의 아버지, 합성의약품의 창시자, 임상의학자 그리고 20세기 말에서야 구현된 항체-약물 접합체 이론의 창시자입니다. 에를리히는 면역학에 대한 공로를 인정받아 1908년에 노벨 생리의학상을 수상하게 됩니다. 재미있는 사실은 살바르산의 연구를 공동으로 수행하였고 화학요법을 인류의 손에 쥐여 준 사하치로 하타는 1911년에는 노벨 화학상 후보에, 1912년과 1913년에는 각각 노벨 생리의학상 후보에 올랐지만 결국 모두 수상에 실패합니다.

참고로 1911년 노벨 화학상 수상자는 퀴리 부인으로 알려진 마리 퀴리(Marie Curie)로 1903년 노벨 물리학상 수상 이후, 두 번째 노벨상 수상이었습니다. 그리고 1912년 노벨 생리의학상은 미국인 알렉시스 카렐(Alexis Carrel)이 혈관 봉합술 개발과 이를 바탕으로 한 이식수술에 끼친 공로로 노벨상을 받았고, 1913년 노벨 생리의학상은 프랑스 소르본 대학의 샤를 리셰(Charles Richet)가 백신 작용의 부작용인 아나필락시스(anaphylaxis)에 관한 연구로 각각 수상하였습니다.

| 두 번째 항생제 설파제: 게르하르트 도막 |

살바르산 이후에 인류는 미생물을 죽여 미생물에 대항할 수 있는 합성의약품의 연구에 매진하게 됩니다. 두 번째로 생산된 항생제는 독일의 유명한 연구실인 바이엘(Bayer) 실험실에서 게르하르트 도막(Gerhard Domagk)이 1932년에 합성한 상품명 프론토실(Prontosil)입니다. 프론토실은 술폰아미드(sulfonamide) 계열의 화합물로 일부 사람들에게 알레르기 현상을 유발하는 부작용이 있지만, 그람 양성 박테리아를 죽이는데 탁월한 효과를 보여주고 있습니다. 술폰아미드 계열의 항생제는 상당히 널리 그리고 꽤 오랫동안 사용된 최초의 항생제입니다. 프론토실 이후에는 다양한 화합물이 합성되어 항생제의 새로운 시대를 열었습니다. 혹시 오래전 영화나 드라마 또는 할머니와의 이야기에서 '설파제'

라는 단어를 들은 기억이 있다면 그 설파제가 바로 술폰아미드 계열의 항생제를 지칭하는 것입니다. 그리고 아직도 일부 의료 현장에서 계속해서 사용하고 있습니다. 술폰아미드 항생제를 개발한 도막 역시 1939년 노벨 생리의학상을 수상합니다. 음…… 사하치로 하타가 좀 억울해할 것 같네요.

사실 합성 항생제를 찾는 일은 매우 어려운 일입니다. 미생물이 어떤 화합물에 죽는지 잘 예측할 수 없거든요. 그리고 미생물도 생물이기 때문에 미생물을 쉽게 죽이는 화합물은 사람에게도 상당히 좋지 않은 영향을 줍니다. 그래서 과학자들도 결국 아무것도 없는 빈손에서 무언가를 찾는 것이 아닌 자연에서 그리고 결정적으로 인간의 역사 속의 경험인 민간요법에서 힌트를 찾으려고 합니다. 마치 제너의 우두법 같이 말입니다.

이 시기에 전승된 민간요법으로부터 발견한 가장 유명한 의약품을 찾으라고 한다면 아세틸살리실산(acetylsalicylic acid), 바로 제품명 아스피린(Aspirin)입니다. 예로부터 감기나 염증이 생겨 열이 나거나 아픈 경우 버드나무 껍질(willow bark)을 다려 먹으면 열이 내려주고 진통 및 염증을 가라앉히는 효과가 있다는 것은 알려져 왔습니다. 전통 민간요법이지요. 19세기에 과학이 발전하면서 버드나무 껍질에 어떠한 성분이 있는지 직접 분석하였더니 살리실산(salicylic acid)이 풍부하다는 것을 알게 되었고 이를 이용하기 시작하였습니다. 네, 천연물이지요. 유럽의 동양의학이라고 해야 할까요? 하지만 살리실산은 사용하기에 좋은 성격을 가지고 있지는 않았습니다. 꽤 자극적인 성격과 맛을 가지고 있기 때문이었습니다. 1853년이 되어서야 약으로써 사용하기 편한 아세틸살리실산을 합성하는 법을 알아내었고, 1897년에는 또 그 유명한 바이엘 회사에서 아세틸살리실산을 효과적으로 합성하는 법을 개발하여 아스피린이라는 제품명으로 출시하였습니다. 참고로 이 아스피린 역시 그 효과에 관한 NSAID 연구로 세 명의 과학자가 1982년에 노벨 생리의학상을 수상했습니다.

드디어 사람들은 자연에서 존재하는 물질을 사용한 경험을 살려 더 좋은 화합물을 개발하였습니다. 그리고 그것을 이용하여 인간의 몸을 제어하여 질병과 싸우는 힘을 얻었습니다. 해열, 진통, 항염 기능으로 우리 몸의 열을 내리고 아픔을 느끼는 것을 제어하고 강한 면역반응을 제어하는 물질을 합성한 것입니다. 이로부터 합성의약품, 즉 인간이 합성하여 만드는 화학물질을 통해 질병을 치료할 수 있는 물질 개발의 전성시대가 도래하게 됩니다.

| 최초의 바이오 의약품 페니실린: 알렉산더 플레밍과 하워드 플로리 |

과학자들이 인간에게 나쁜 영향을 끼치지 않고 미생물을 죽이거나 제어할 수 있는 물질에 관한 관심과 연구가 집중되고 있을 때, 인류는 미생물에 대항하는 또 하나의 강력한 무기를 얻게 됩니다. 잘 알려진 영국의 위대한 미생물학자 알렉산더 플레밍(Alexander Flaming)의 푸른곰팡이 연구로부터 말입니다. 푸른곰팡이가 실험대 위에 놓아둔 미생물 배양 접시에 떨어지고 곰팡이 주위의 미생물들이 곰팡이를 중심으로 둥근 원형을 이루며 죽어 있었다는 이야기는 널리 알려진 이야기입니다. 그리고 그것을 놓치지 않고 눈여겨본 후 페니실린 연구가 시작되었다는 것은 어느 위인전에 많이 인용되고 있는 이야기입니다.

실험실에서 페니실린의 발견이 산업적인 대량 생산을 거쳐 상품화되어 수많은 사람의 질병을 치료하게 된 이야기와 이후 페니실린의 부작용 발견, 페니실린과 유사한 다른 약들의 개발에 관한 이야기는 20세기 인류가 질병과 싸우며 신약을 어떻게 만들어 왔는지 그리고 약의 제조가 제약산업의 산업화로 전환되는 과정이 어떻게 이루어져 왔는지에 대한 살아있는 역사라고 하겠습니다. 페니실린 이야기는 미생물과 인간의 관계에서도 재미있는 변화를 가져왔습니다. 그리고 그 변화가 제약의 새로운 한 분야를 개척하게 되었습니다.

플레밍이 페니실린을 처음 발견한 것은 1928년으로 설파제보다 먼저 발견되었습니다. 하지만 1942년이 되어서야 대량 생산이 이루어져 환자들에게 사용되기 시작하였습니다. 무려 14년이나 걸렸습니다. 대량 생산이 힘들었고 분리 정제가 어려웠기 때문입니다.

1930년에 곰팡이 발효액의 추출물을 미생물에 감염(gonococcal infection)된 아기에게 처리하여 성공적으로 치료하였지만 역시 페니실린을 분리 정제하지는 못하였습니다. 분리 정제가 얼마나 어려웠는지 1940년에 하워드 플로리(Howard Florey)와 어네스트 체인(Ernest Chain)이 처음으로 환자에게 페니실린을 임상 시험 하였지만 환자를 살리지는 못하였습니다. 상태의 호전을 관찰하였지만 정제된 페니실린이 없어서 영국 경찰이었던 앨버트 알렉산더(Albert Alexander)는 결국 감염이 악화되어 사망하고 말았습니다. 그 후 플로리는 미국으로 건너가 미국 정부의 제약회사와 같이 일하면서 결국 페니실린을 대량 생산을 하는 데 성공하였고 사람들에게 보급하기 시작하였습니다. 그리고 1945년에 페니실린을 최초로 발견한 플레밍, 페니실린을 분리 정제하여 임상 시험에 성공한 체인, 페니실린의 의학적 사용과 대량 생산에 큰 공헌을 한 플로리는 노벨 생리의학상을 수상합니다. 여기까지는 잘 알려진 이야기입니다.

여기서 재미있는 이야기를 몇 가지 첨가하자면 플레밍이 처음으로 페니실린이 생산된 것을 확인한 미생물은 식중독균으로 잘 알려진 황색포도상구균(*Staphylococcus aureus*)입니다. 최근 항생제 내성이 생긴 슈퍼 박테리아라고 부르는 MRSA가 이 균주의 변종입니다.

페니실린을 사용하고 얼마 되지 않아 상당수의 세균이 페니실린에 내성을 가지게 됩니다. 그 후 페니실린의 구조가 밝혀지고 페니실린과 유사한 다양한 항생제들이 발견됩니다. 대부분 무슨 ~실린(~cillin)이라는 이름을 가지고 있습니다. 그리고 현재도 페니실린계 항생제는 가장 많이 사용되고 있는 항생제 중 하나입니다. 최근 널리 사용되는 것으로 아목시실린(Amoxicillin)이 있습니다. 전 세계 1~10% 정도의 사람들이 페니실린에 알레르기 반응을 일으킵니다. 보통 피부에 붉은 반점이 생성되는 정도이지만 과량 혹은 반복적인 노출에는 심각한 부작용을 일으킬 수 있습니다. 따라서 약 0.01% 정도의 환자들이 페니실린에 과민성 반응으로 위험한 상황에 처할 수 있다고 합니다.

페니실린을 생산한 회사는 지금도 유명한 머크(Merck Co.)라는 제약회사입니다. 페니실린 곰팡이의 현실적인 대량 발효 방법(deep-tank fermentation)을 처음 개발한 사람 또한 유명한 제약회사인 화이자(Pfizer Co.)의 재스퍼 케인(Jasper Kane) 연구팀이었습니다. 페니실린의 발견 및 산업화에 대한 연구로 노벨상을 받은 세 명의 과학자 중 누구도 페니실린으로 돈을 벌지는 못하였습니다. 페니실린의 발견으로 특허를 거는 것이 학자로서 비윤리적이라는 생각으로 특허권을 설정하고 가지지 않았기 때문입니다. 결국 돈을 번 사람은 제약회사와 앤드류 모이어(Andrew Moyer)라는 과학자였습니다. 이 과학자는 페니실린의 발효를 통한 생산과정에서 생산성을 높이는 방법을 발명하여 특허를 신청하였고 많은 돈을 벌었습니다. 이러한 재미있는 이야기 외에 미생물과 우리의 관계에서도 페니실린의 발견과 생산은 중요한 의미를 지니고 있습니다.

약의 종류를 구분하는 방법에는 몇 가지가 있습니다만 산업적으로는 합성의약품, 바이오의약품, 천연의약품 세 가지로 구분하고 있습니다. 합성의약품은 앞에서 본 아스피린과 같이 인간이 단일한 분자를 화학공학적 방법으로 합성하여 약으로 사용하는 것입니다. 천연의약품은 천연물 추출물을 의약품으로 사용하는 것입니다. 마지막으로 바이오의약품은 약을 화학적으로 합성하는 것이 아닌 생물 또는 생명체가 생성하게 하여 그것을 인간이 분리 정제하여 사용하는 것입니다. 화학합성 대신 주로 미생물 혹은 세포들이 만들도록 하는 것이지요. 현재 항암제 및 다양한 분야에서 주목받는 항체 의약품이 여기에 속한다고 할 수 있습니다. 이러한 바이오의약품의 정의로 생각할 때, 인류 최초의 바이오의약품은 바로 페니실린입니다.

| 페니실린 생산기술 개발: 생물화학공학의 태동 |

페니실린이 발견되었을 당시 영국은 2차 전쟁의 소용돌이 속에 빠져 있었습니다. 산업시설 대부분은 독일군의 폭격에 파괴되었고 남은 산업시설은 전쟁에 필요한 물자 생산을 위하여 사용되었습니다. 결국 플로리와 그 동료들은 페니실린 생산을 위하여 미국의 제약회사와 접촉합니다. 페니실린의 초기 임상 시험이 아주 성공적이어서 1943년 미국의 전쟁생산기구(War Production Board)는 본격적으로 페니실린의 대량 생산에 박차를 가합니다. 미국 일리노이주의 작은 도시 피오리아(Peoria)에 있는 미국 농무성 농업연구소(USDA ARS)에 자리를 잡은 그들은 6개월 만에 상업용 생산공장을 완성하였고, 생산한 페니실린을 전쟁에서 다친 군인들의 치료에 사용했습니다.

페니실린 생산을 개발 중인 시기에 미국이 추진한 또 다른 프로젝트로가 있습니다. 바로 원자폭탄 생산을 위한 맨해튼 프로젝트(Manhattan Project)입니다. 하나는 인류를 대량살상하는 무시무시한 무기를 개발하는 것이고, 다른 하나는 미생물(병원균)을 대량살상하는 비밀병기를 만드는 것이었으니 참으로 아이러니합니다.

인류는 미생물과 싸울 수 있는 강력한 무기를 미생물로부터 얻어 냈고, 다시 미생물을 통해 생산한 것입니다. 사실 미국에서 페니실린을 대량생산하고자 하였을 때 곰팡이인 페니실리움(*Penicillium* sp.)을 발효하여 대량생산할 것이라고는 생각하지 못했습니다. 약 대부분을 생산하던 방식으로, 합성의약품으로 생산하려고 하였습니다. 그러나 페니실린의 화학적 구조를 규명하는 데 시간이 너무 오래 걸렸고(1945년에 완전히 밝혀졌습니다), 그 구조 또한 합성하기에는 너무 복잡하였습니다. 도무지 수지타산이 나오지 않는 것이었지요. 사실 아직도 생물체에서 만들어지는 물질을 처음부터 합성한다는 것은 매우 어려운 일입니다. 그 단순한 아미노산을 인간이 무기물질에서 화학 합성하는 것조차 쉬운 일이 아닙니다. 결국 제약산업에서는 곰팡이를 키워 페니실린을 많이 만들게 하는 방법을 사용한 것입니다.

여기서 인간과 미생물과의 새로운 관계가 형성되었습니다. 인간이 미생물을 개조하고 우리의 의도에 맞는 미생물을 선별하고 우리가 원하는 것을 하게끔 환경을 조성해 줍니다. 미생물의 의도와는 상관없이 인간들의 목적과 의도를 이루기 위해 미생물의 성장 과정을 제어하기 시작합니다. 미생물을 수학적으로 예측 가능한 방법으로 제어하기 시작합니다. 마치 무엇을 생산하는 산업의 공정처럼 사용하는 것입니다. 네, 앞에서 설명했던 미생물 분류에서 '말 잘 듣는 놈들'이 탄생한 것입니다. 페니실린 생산은 생물 항생제의 시대를 열었으며, 이는 미생물학자와 화학공학자의 공동 노력의 결과입니다. 미생물학자가 말 잘 듣는 놈을 만들고, 화학공학자들이 그놈들을 잘 어르고 달래어 효율적으로 생산할 수 있는 공정을 개발한 것입니다. 학문적으로는 미생물학과 화학공학의 융합학문인 생물화학공학(biochemical engineering)의 태동입니다. 생물을 이용한 화학공학 말입니다. 드디어 인간들은 미생물까지 우리의 목적을 위하여 산업적으로 사용하기 시작하였습니다.

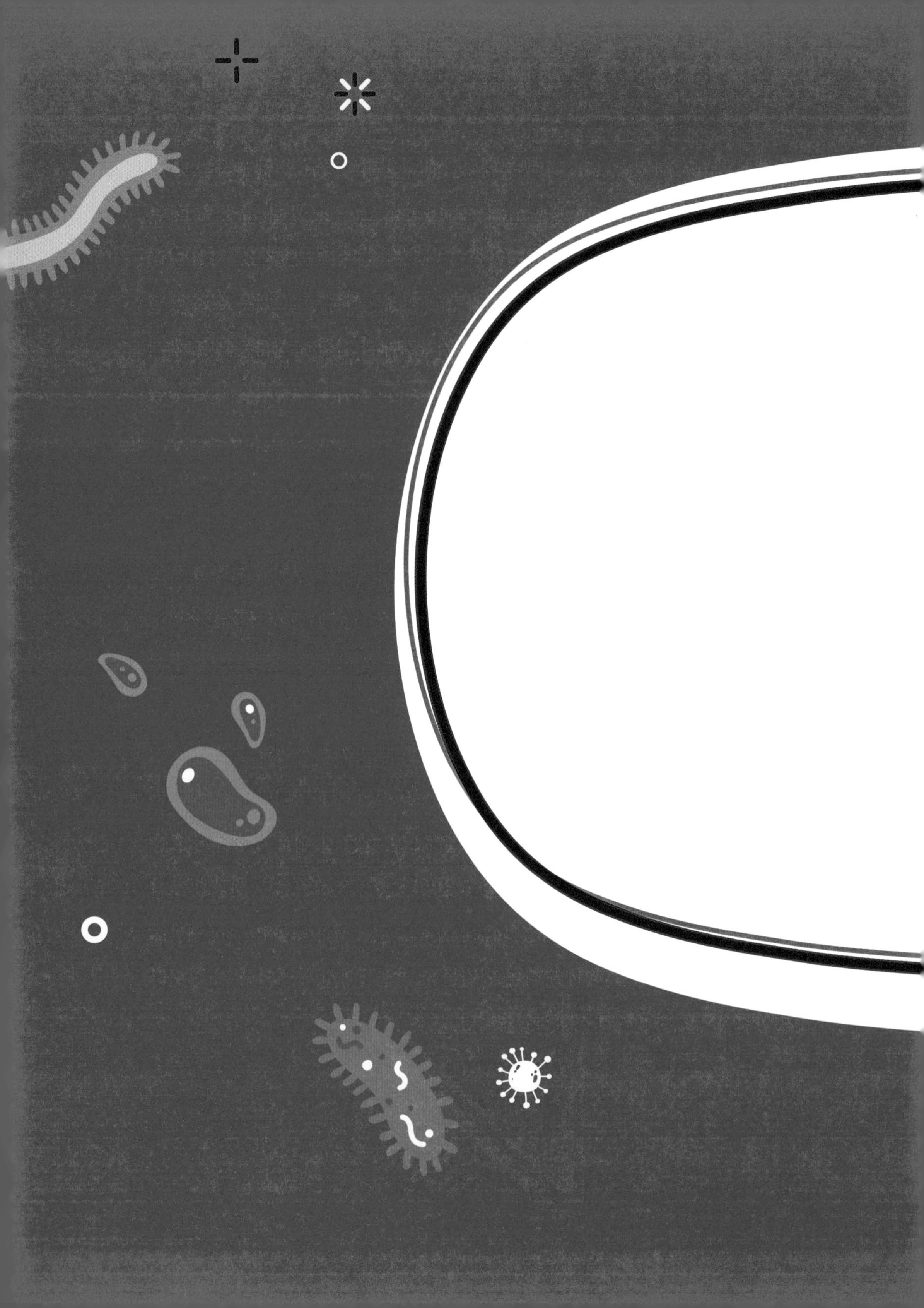

3장

미생물과의 사랑

1

미생물과 인간의 건강:
잘 기르자 미생물/메치니코프의 등장

지금까지는 인간이 미생물과의 전쟁을 어떻게 진행했는지에 대해 이야기했습니다. 인간에게 미생물은 대부분 타도해야 하는 적이었습니다. 물론 발효제품을 만들어 술과 발효유 등을 만들어 주는 예도 있었지만 대부분 인간의 생활에 좋지 않은 영향을 주는 원인이라고 생각해 왔습니다. 하긴 사실 지금도 그렇습니다. '세균'이라는 단어는 타도의 대상입니다. 어릴 적부터 손에 나쁜 세균들이 많으니까 악당같이 생긴 괴물(세균) 그림을 보여주면서 손을 씻으라고 배웁니다. 뭐, 교육적으로는 나쁜 것은 아닙니다. 세균 감염이 질병을 유발하는 것은 사실이니까요. 하지만 인간들은 자연계의 일부분으로 자연을 떠나서 살아남을 수 없습니다. 그리고 자연계는 미생물 없이는 구성될 수 없습니다. 자연계의 배경이 곧 미생물이기 때문입니다.

사실 나쁜 미생물보다 좋은 미생물, 필요한 미생물이 더 많이 있습니다. 아니, 미생물 없이는 살 수 없기 때문에 미생물과 같이 살아가고 있는데 불청객이 불쑥 방문하는 것입니다. 그런데 사람들은 좀 치사하지요? 혹시나 인간 생활에 도움을 주거나 인간들이 사용하고 있는 미생물에게는 같은 원핵세포의 미생물이라 하더라도 특별히 이름을 지어주고 따로 구분하니까요. 발효유를 만드는 미생물들은 유산균이라고 따로 묶어 줍니다. 그리고 유산균을 하나로 묶기 위해 이름도 막 바꿔버렸습니다. 잘 알려진 발효유 유산균 락토코커스 락티스(*Lactococcus lactis*)는 예전에 스트렙토코커스 락티스(*Streptococcus lactis*)라고 불렸습니다. 그런데 스트렙토코커스(*Streptococcus*) 속에는 꽤 강력한 병원성 균주들이 많이 있습니다. 그래서 그런지 스트렙토코커스 락티스(*Streptococcus lactis*)만 따로 빼와서 락토코커스 락티스(*Lactococcus lactis*)라고 개명시켜 주었습니다. 하긴 또 다른 유산균인 스트렙토코커스 써모필러스(*Streptococcus thermophilus*)는 그대로 놔뒀으니 이건 무슨 차별일까요…….

이제부터는 미생물과 우리 인간들이 왜 서로 사이좋게 지내야 하는지에 대해 이야기해 보도록 하겠습니다. 사실 이건 너무나 당연한 일입니다. 우리 몸은 미생물로 이미 꽉 차 있으니까요. 미생물 중에서도 이상한 놈들로 말입니다.

| 유산균의 등장 |

그러면 사람들은 언제부터 미생물을 다른 눈으로 바라보기 시작했을까요? '어떻게 하면 다 죽여버릴 수 있을까?'라고 생각하며 모진 눈으로 째려보고 있다가 말입니다. 도대체 언제부터 우리는 우리 몸에서 같이 살아가는 미생물들과 사랑에 빠지기 시작했을까요?

사실 우리는 예전부터 미생물을 사랑하는 것까지는 아니더라도 틈틈이 좋아하기는 했습니다. 우리에게 맛있는 술과 음식을 제공하는 식품인 미생물 중에 좋은 놈들이 있다는 것을 알고는 있었습니다. 하지만 다른 곳에 사는 '좋은 애들'이 아니라 우리 몸에서 예전부터 살고 있던, 도무지 왜 있는지 잘 모르겠지만 함께 살고 있던 '이상한 애들'에게도 관심을 갖기 시작한 사람이 있었습니다. 우리는 그분을 잘 알고 있습니다. 바로 일리야 일리치 메치니코프(Ilya Ilyich Mechnikov)입니다.

19세기 말에서 20세기 초 유럽은 여러 명의 천재 과학자들이 현대과학의 기반을 만드는 과학의 르네상스와도 같은 시기였습니다. 독일에서 코흐와 에를리히가 병원성 미생물학 및 면역학의 기반을 닦고 있다면 프랑스에서는 불세출의 과학자 파스퇴르가 현대 미생물학의 처음과 끝을 섭렵하고 있었습니다. 이에 질세라 또 하나의 유럽 강국 영국에서는 플레밍과 그의 연구를 이어받은 미생물학자들이 인류에게 미생물로부터의 미생물을 상대할 수 있는 강력한 무기인 페니실린을 선물하였습니다. 같은 시기, 저 멀리 러시아에도 위대한 생물학자가 있었습니다. 그가 바로 메치니코프입니다.

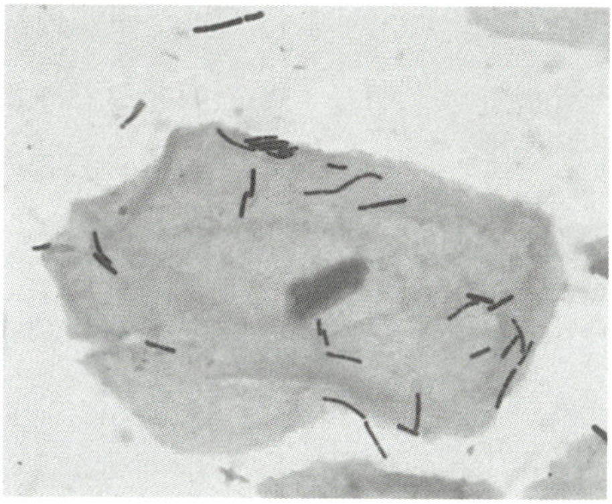

상피 조직 세포 속의 유산균 (출처: wikipedia)

메치니코프는 우리나라의 어느 발효유 회사의 광고로 이름이 알려지면서 유명해졌습니다. 유산균을 발견하고 유산균의 중요함을 이야기한 미생물학자로 알려졌지요. 하지만 메치니코프는 생물학자였으며 더 정확히는 미생물을 이용하여 연구한 면역학자였습니다. 알고 있었나요? 메치니코프도 노벨 생리의학상을 받았습니다. 1908년, 메치니코프는 독일의 유명한 과학자 폴 에를리히와 같이 노벨상을 수상하였습니다. 두 과학자 모두 유산균의 개발이 아닌 면역학에 대한 공로로 상을 수상하였지요. 메치니코프는 지금 우리가 이야기하는 신천 면역(innate immunity)에 관한 연구로, 폴 에를리히는 후천 면역 혹은 체액성 면역(humoral immunity)에 관한 연구 공로였습니다.

메치니코프는 식균작용(phagocytosis)을 처음 관찰하였습니다. 상처가 염증으로 발전하였을 때 염증 부위에서 혈액 세포 중 하나인 백혈구가 모이는 것을 처음으로 관찰한 것입니다. 그리고 그는 백혈구의 역할이 염증 부위에 감염된 미생물을 식균작용으로 잡아먹는 역할, 즉 우리 몸이 외부에서 들어오는 미생물에 대항하는 방법에 대한 가설을 세우고 증명하고자 하였습니다. 처음에 많은 미생물학자들은 그의 가설이 틀릴 것이라고 했습니다. 혈액 세포는 단지 미생물에 감염되어 온몸으로 미생물을 퍼트리는 경로로만 여겼습니다. 하지만 메치니코프의 이론과 증명으로 인간은 인간의 몸 안에, 더군다나 온몸을 돌아다니는 혈액 안에 미생물을 죽이는 강력한 세포를 가지고 있음을 알게 된 것입니다.

그러면 어떻게 메치니코프가 유산균의 대부로 유산균을 처음 정의한 사람으로 알려졌을까요? 메치니코프는 매우 영민한 과학자였습니다. 1907년에 메치니코프는 『생명의 연장(The prolongation of life)』이라는 책을 저술합니다. 제목 그대로 인간수명의 연장에 대한 내용이었습니다. 혹시 기회가 되어 110년도 넘게 지난 옛날에 쓴 이 책을 읽어보게 된다면 메치니코프가 얼마나 깊은 통찰력을 가졌는지 알 수 있을 것입니다. 노쇠가 무엇이고 어떤 것이 문제인지, 노쇠의 원인이 무엇인지, 노쇠가 어떻게 진행이 되는지부터 시작합니다. 그리고 자연계의 장수에 관한 것을 고찰하고 인간뿐만 아니라 식물, 동물들의 사망원인까지 서술합니다. 즉, 인간수명을 늘리는 것을 연구하기 위해 노쇠와 장수를 정의하고 사망의 원인을 찾고 자연계에서 수명연장이 가능함을 예시하는 것이지요.

메치니코프는 이 저술에서 단순히 수명연장의 과학적 방법만을 제시한 것이 아닙니다. 인체 기관의 퇴화 외에 정신적인 변화와 특징 그리고 정신적 문제에 대해서도 서술하였습니다. 그리고 인간의 개인적인 특징과 그에 대칭되는 사회적인 특징에 관하여도 고찰하였으며 과학과 그 윤리적인 영역까지 이야기하였습니다.

메치니코프는 사람의 다양한 사망원인 중 하나로 재미있는 것을 제시합니다. 사람이 음식을 먹고 장내에 찌꺼기들이 남아 소화기 안이 썩어가는 것(intestinal putrefaction)이 사람의 수명을 단축시킨다고 정의하였고, 장이 썩는 것을 방지하면 인간수명을 연장할 수 있다고 이야기합니다. 그리고 실질적인 증거로 불가리아 산악 지방의 장수 마을과 그들이 먹는 발효유를 제시합니다. 그 발효유는 긴 막대형으로 생겼으며 젖산을 생성하는 미생물이 있는데, 이를 불가리아 바실러스(*Bulgarian bacillus*)라고 불렀습니다. 이 균주는 나중에 락토바실러스 불가리쿠스(*Lactobacillus bulgaricus*)라는 이름을 가지게 되며 대표 발효유 유산균 중 하나로 발효유 제조 산업체에서 많이 사용됩니다. 즉, 메치니코프는 장이 썩어가는 것이 인간의 수명을 단축시키기 때문에 그 썩어들어 가는 것을 방지하기 위해 유산균을 먹으면 인간의 수명을 연장시킬 수 있다고 생각한 것입니다. 네, 유산균이 인간 생활에 공식적으로 등장하는 순간입니다.

아, 물론 유산균이 이전에 존재하지 않았던 것은 아닙니다. 이전에 유산균은 그냥 발효유를 만들어내는 식품 미생물 중 하나에 불과했지만 메치니코프에 의해 우리의 뱃속에 살아가는 '이상한 놈들'인 장내 미생물과 함께 우리의 건강을 좌우할 수 있는 미생물로서 등극한 것입니다. 미생물이 우리의 건강을 해치고 질병을 유발하는 것이 아닌, 잘만 키우면 우리의 건강을 좋게 만들어

주는 도구가 될 수 있는 존재가 된 것입니다.

| 유산균 넌 누구냐? |

유산균이 드디어 우리의 생활 속에 중요한 의미를 가지고 등장하게 되었습니다. 그러면 어떠한 미생물을 유산균이라고 할까요? 사실 유산균은 한 종류의 미생물이 아닙니다. 인류는 호모 사피엔스라는 단일한 종으로 이루어져 있습니다. 하지만 유산균은 단일한 종(Species)의 미생물이 아니며 더군다나 단일한 속(Genus)조차 아닙니다. 유산균은 비슷한 성격을 공유하고 있는 미생물 집단의 통칭입니다. 쉽게 말해서 인간과 비슷한 생물학적 특성을 가지는 포유류의 집단…… 뭐, 유인원과 비슷한 개념이라고 보시면 됩니다.

유산균을 정의하는 특징은 첫 번째, 그람 양성 미생물이어야 합니다. 두 번째, 유전자에 G+C(구아노신과 사이토신)의 양이 A+T(아데노신과 티아민)의 양보다 적어야 합니다. 세 번째, 유산균은 산소 없이도 살아갈 수 있고, 어떤 유산균은 산소가 존재하면 살아갈 수 없는 혐기성 미생물입니다. 사실 우리의 뱃속은 산소가 없는 혐기성 공간입니다. 물론 뱃속에도 기체가 존재하기는 합니다만 이 기체는 미생물의 발효 작용으로 생성된 것이지 우리가 호흡하면서 산소가 풍부한 공기가 들어간 것은 아닙니다. 우리가 호흡하기는 하지만 우리가 호흡한 공기는 기도로 들어가는 것이지 소화기로 내려가지는 않습니다. 그래서 유산균이 성장과 생존에 산소가 있어야 한다면 문제겠지요. 네 번째, 유산균은 포자를 만들지 않습니다. 꽤 많은 그람 양성 미생물이 내생포자(endospore)를 만듭니다. 하지만 유산균은 포자를 만들지 않습니다. 다섯 번째, 발효하고 발효산물로 젖산을 생성합니다. 여섯 번째, 유산균은 젖산을 생산하는 미생물답게 다른 미생물과 비교하여 산에 대한 내성이 강합니다. 마지막, 유산균은 GRAS로 분류됩니다. 사실 GRAS기 때문에 유산균으로 분류되는 것이기도 합니다. GRAS는 'generally recognized as safe'의 약어로 일반적으로 안전하다고 받아들여지는 미생물이라는 뜻입니다.

사실 이 부분이 중요합니다. 유산균은 오랜 시간 동안 인류가 식품 미생물로 사용해 왔기 때문에 안전하다고 생각하는 것입니다. 다시 말해 유산균은 우리의 식품 속에서 발견되는 식품 미생물이라는 전제를 충족시켜야 합니다. 이러한 미생물의 종류에는 몇 가지 속(genus)이 있는데, *Lactobacillus* sp., *Lactococcus* sp., *Leuconostoc* sp., *Oneococcus* sp., *Bifidobacterium* sp., *Pediococcus* sp., *Weissella* sp.가 있습니다.

이런 다양한 종류의 미생물이 섞여 있는 유산균을 분리하는 방법 중 가장 흔하게 사용하는 방법은 유산균의 대사과정 즉, 발효 최종산물을 기준으로 나누는 것입니다. 젖산(lactic acid), 초산(acetic acid), 에탄올(ethanol)의 생산 비율에 따라 유산균을 나눌 수 있습니다. 어떤 유산균은 포도당 한 분자를 먹고 두 분자의 젖산만을 생산합니다. 다른 유산균은 한 분자의 포도당을 먹고 한 분자의 젖산, 한 분자의 에탄올 또는 초산을 생산합니다. 이렇게 유산균을 그룹 지으면 네 가지 그룹으로 나눌 수 있습니다. 매우 미생물학적입니다만, 저는 조금 다르게 분류하려고 합니다.

저는 식품 미생물을 전공하였습니다. 그러니 유산균이 잘 살 수 있는 환경, 즉 식품을 기준으로 나누어 보려 합니다. 그러면 재미있는 결과를 얻게 됩니다. 먼저 우유를 삶의 터전으로 삼는, 즉 우유를 이용한 식품에서 많이 발견되는 유산균이 있습니다. 주로 발효유에서 많이 보이는 미생물이라 할 수 있습니다. 두 번째는 식물 환경에서 잘 살 수 있는 유산균입니다. 대표적으로 김치에서 살며 발효하는 유산균이 되겠지요. 포도주에서 사는 유산균, 빵을 발효하는 유산균도 여기에 속한다고 볼 수 있습니다. 세 번째는 동물성 식품 발효에 사용되는 유산균입니다. 동물성 식품도 유산균 발효를 하냐고요? 네, 살라미 같이 먹으면 시큼한 맛이 나는 소시지나 햄들은 전부 여기에 속합니다. 우리가 먹는 발효식품들은 빵과 술을 제외하고는 전부 유산균 발효식품입니다. 유일한 예외가 된장이겠군요. 된장은 곰팡이와 고초균(*Bacillus subtilis*)의 콜라보로 나온 식품입니다. 참고로 '좋은 놈'인 식품 미생물에서 이야기하겠지만 고추장과 간장은 발효식품이 아닙니다. 마지막으로는 좀 특별한 유산균이 있습니다. 모유를 먹는 아기들에게서 관찰되는 유산균입니다. 바로 비피더스균(*Bifidobacterium* sp.)인데 사실 비피더스균은 식품 미생물은 아닙니다. 이 균을 이용해서 만든 식품은 없습니다. 오직 모유를 먹는 아기의 뱃속에서만 발견되는 장내 미생물입니다. 그래서 비피더스균은 산소가 존재하는 환경에서는 전혀 자라지 못합니다.

이렇게 유산균을 분류하면 미생물학적으로도 의미가 있습니다. 분류된 각 그룹의 유산균들이 주로 먹는 탄소원을 기준으로 동일한 성질을 가지게 되고 또 그 각 그룹별로 공통점을 띠는 유전자들이 보이게 됩니다.

| 유산균이 건강한 몸에 좋을까? 건강한 몸이 유산균에 좋을까? |

유산균에 대한 정의와 역할이 몇몇 과학자들로부터 인정받기 시작하자 많은 과학자들이 유산균에 대해 연구하기 시작하였습니다. 과학자들은 항상 '왜 그렇지?'나 '진짜?'라는 단어에 집착하지요. 그리고 이것으로 '뭘 할까?'를 궁리하기 시작합니다. 유산균과 사람들의 건강에 관한 것도 역시 마찬가지입니다.

먼저 '진짜로 유산균을 섭취하면 장수할 수 있을까?', '우리의 생명을 연장할 수 있을까?'라는 것이 가장 궁금했습니다. 단도직입적으로 결론부터 이야기하자면 이것은 아직 잘 모르겠습니다. 그렇다고 볼 수도 있고 아닐 수도 있습니다. 장수와 수명연장에 대한 문장 그대로의 정확한 답만을 이야기하자면 '아닙니다'라고 이야기하고 싶습니다. 유산균을 섭취한다고 수명이 연장되고 장수하지는 않습니다. 그러면 메치니코프가 이야기했던 것은 거짓말이었을까요? 그것 또한 아니라고 이야기하고 싶습니다. 음…… 무슨 이야기이지요?

조금 다른 이야기를 해보겠습니다. 사실 어떤 사실에 대하여 질문을 한다는 것은 매우 어려운 이야기입니다. 20세기 물리학자 중 알베르트 아인슈타인(Albert Einstein)에 버금가는, 어쩌면 그보다도 더 위대한 리처드 파인만(Richard

Feynman)이 대답한 것이 있습니다. 누군가가 파인만에게 질문을 하였습니다. '자석의 같은 극인 N극과 N극 혹은 S극과 S극을 가까이 가져가면 두 극 사이에서는 무슨 일이 일어나나요?'라는 질문이었습니다. 1965년에 노벨 물리학상을 수상한 파인만은 양자 물리학의 세계적 권위자이기 때문에 뭔가 기대를 하고서 조금은 새로운 무엇인가를 들을 수 있지 않을까 하는 기대를 가지고 질문한 것 같습니다.

질문을 들은 파인만은 거꾸로 기자에게 물었습니다. '질문에서 무엇을 알고 싶은 것인지, 질문의 본질이 무엇인지를 설명해 달라'고 말입니다. 그리고 다양한 것을 설명했습니다. 간단히는 두 극이 서로 밀린다는 것에서부터 N극이 무엇인지, 왜 그런 일이 벌어지는지 등등 가장 단순한 것부터 가장 복잡한 것까지 전부 설명합니다. 그러면서 무엇을 알고 싶어서 그 질문을 한 것인지를 또다시 질문합니다. 파인만이 묻고 싶었던 것은 질문의 본질입니다. 그는 이렇게 설명합니다. 사람들이 '왜?'라고 하는 질문을 하기 위해서는 자신이 이해하고 있는 것이 무엇인지 먼저 알아야 한다고 말입니다. 그래야만 설명을 이해할 수 있고 알게 된 것을 받아들일 수 있기 때문입니다. 즉, 사람들은 자신들이 알고 있는 범위 안에서 설명된 것만을 진실되게 이해할 수 있습니다. 따라서 질문에 사용된 각 단어의 뜻을 공유하고 알고 있어야 합니다.

이 이야기를 메치니코프의 이야기에 가져가 보겠습니다. 메치니코프는 유산균 섭취의 장수와 수명연장에 대해 이야기했습니다. 그래서 메치니코프는 장수와 수명연장을 설명하기 위해 많은 페이지를 할애하였습니다. '장수의 반대는 질병이고 질병의 원인 중 한 가지는 소장, 대장에서의 이상 발효 현상이다'라는 것을 설명하기 위해 책의 상당히 많은 부분을 사용하였습니다. 이 정의에 맞춰보면 유산균은 수명연장에 도움이 될 수도 있습니다. 확실히 유산균은 소화기에서의 이상 발효 현상을 개선합니다. 하지만 다른 정의를 도입하여 보면 거짓이 됩니다. 말기 암에 걸려 죽음에 가까워지고 있는 환자의 수명연장에 도움이 되냐고 하면 그것은 또 아닙니다. 아무리 유산균을 먹어도 유산균은 암을 치료하지 못하기 때문입니다.

이렇듯 과학자들이 사용한 혹은 누군가가 사용한 단어가 문장에서 다른 의미로 사용된 경우 수많은 오류가 양산될 수 있습니다. 메치니코프는 유산균의 경우 대담하게 수명연장이라는 모든 인류가 꿈꿔왔던 단어를 사용하였습니다. 그리고 그것은 후대의 사람들에 의해 다양하게 본인들의 관점에서 사용됐습니다. 특히 식품 미생물인 유산균은 '우리가 먹는 음식에 있어 이를 잘 사용하면 인류의 꿈을 이룰 수 있다'와 때로는 더 나아가 '질병을 치료할 수 있다'는 것까지 선전되었습니다. 가치 중립적인 과학적 사실이 아닌 개인이 목적하는 가치가 들어가 있는 이야기가 상당수입니다. 그래서 좀 더 과학적인 사실을 이야기하기 위해 우리는 한발 더 나아가 유산균이 우리 몸에 영향을 주는 환경, 즉 장내 미생물 균총 그리고 우리의 소장과 대장에 대해 좀 더 정확히 이해할 필요가 있습니다.

유산균을 가지고 장수 및 생명연장을 이야기하기에는 너무나 많은 요인이 인간수명과 관련되어 있습니다. 아직 유산균이 인간의 질병을 치료한다고 증명되지는 않았습니다. 만일 유산균이 인간의 질병을 치료할 수 있었다면 유산균이 세계 각국의 FDA에 의해 약으로 등록되었겠지요. 단지 실험실에서 통제된 실험 아래서 몇 가지 가능성을 보여준 것뿐입니다. 하지만 질문을 바꾸면 또 다른 이야기가 됩니다.

'유산균이 우리의 건강에 도움이 될까요?'라는 질문으로 바꿔보면 저는 '일단 된다'라고 답하겠습니다. 사실 유산균이 우리의 건강에 좋다, 나쁘다를 간단히 이야기하기는 어렵습니다. 하지만 몇 가지 밝혀진 사실은 있습니다. 우선 식품 미생물로서 우리가 섭취하는 유산균은 우리의 몸에 나쁜 영향을 끼치지는 않습니다. 간단히 일반 식품과 비교하면 독성이 거의 없습니다. 독성이 없기에 우리가 식품으로 섭취할 수 있는 것입니다. 이를 이용하여 우리는 우리 몸을 위해 유산균을 사용할 수 있습니다.

우리가 항생제를 먹으면 우리 뱃속의 미생물들이 상당수 죽어버립니다. 특히 항생제를 오랫동안 먹을수록 그러한 증상이 더 진행됩니다. 그래서 장내 미생물들의 균형이 깨지고 우리의 장(腸)은 이를 정상이 아닌 상태로 받아들여 방어기제가 작용합니다. 이것이 바로 설사입니다. 그리고 우리의 장내 미생물이 없어질수록 다른 병원성 미생물, 특히 식중독균에 감염될 확률이 기하급수적으로 높아집니다. 다 죽어서 허허벌판이 된 곳에 병원성 미생물이 들어오면 경쟁이 없으니 신나서 증식할 것입니다. 이런 경우 설사를 할 때 유산균을 먹으면 도움이 됩니다. 죽어 나가는 장내 미생물 자리에 해가 없는 유산균이 들어가 빈자리를 채워 주면 상당한 도움이 됩니다. 그렇다고 유산균 역시 과량으로 복용하는 것은 도움이 안된다고 생각합니다. 간단히 생각해 봅시다. 우리의 소장과 대장의 모든 미생물을 다 죽이고 그 자리를 전부 유산균으로 대치한다면 장의 건강상태가 좋아질까요? 아니라고 생각합니다. 여러 가지 이유가 있지만 아마 유산균이 생산하는 과량의 젖산에 의해 우리 소장과 대장은 고통받을 것이고 계속해서 설사를 하게 될 것입니다. 우리의 몸도 젖산을 생산하는데 혈액 속 젖산의 농도가 높아지면 굉장히 생명이 위험한 상황에 처하게 됩니다. 젖산도 유기산 중에서 강한 산에 속합니다. 아무리 유산균이라고 하더라도 우리 몸 안으로 들어오면 우리에게 해를 끼칠 수 있다고 앞에서 이야기했습니다.

유산균이 건강에 좋다고는 알려져 있고 또 사실로 보이는 실례들도 보고되어 있습니다. 과학자들은 그 이유를 찾기 위해 수많은 실험과 노력을 하였습니다. 가장 흔하게 이야기되는 것이 정장작용(整腸作用)과 면역력 강화로 알려져 있습니다. 정장작용은 사실 일본에서 만들어진 단어인데 장에서 유해균의 증식을 억제하고 장 내부를 깨끗하게 한다는 이야기입니다만……. 이것은 초기연구에서 대장균과 대장균의 친구인 식중독 균주들의 성장을 저해하는 효과를 보여 만들어진 단어입니다.

유산균은 젖산을 생산하여 주변의 pH를 낮춥니다. 대략 pH 5.0 정도까지는 쉽게 낮출 수 있고 대장균들은 그런 낮은 pH에서 자라지 못하기는 합니다. 하지만 우리 뱃속의 미생물들은 그렇게 쉽게 변하지 않습니다. 아니, 변하기는 합니다. 특히 우리가 먹는 음식과 약에 민감하게 반응합니다. 그 변화는 일정한 변화량 안에서 역동적으로 변화하지만 허용된 변화량을 잘 넘어가지 않고 일정하게 유지됩니다. 마치 체온이나 혈압처럼 개인적인 차이는 있지만 일정한 범위 안에서 민감하게 움직이면서 상한값과 하한값을 넘지는 않는 것과 같이 말입니다.

면역력 강화는…… 사실 각종 실험실에서 그럴 수도 있다는 증거들이 발견되기는 하였으나…… 실제 우리의 생활에서 정확한 효과가 보인다는 증거는 없습니다. 그리고 면역력, 면역기의 역할은 함부로 강화되면 절대 안 됩니다. 꼭 필요한 순간에 필요한 대상에 작용해야 하는 것이 면역력입니다. 면역력이 강화되어 조절되지 않을 때 걸리는 질병을 자가면역질환이라고 부르고 아토피, 천식, 건선, 류머티스성 관절염, 크론병, 베체트병 등이 있습니다. 하지만 우리는 미디어와 책을 통해 알고 있습니다. 많은 과학 논문들이 발표되어 유산균이 거의 만병통치약처럼 건강에 도움이 된다는 것을 말입니다. 어떻게 된 것일까요? 차분하게 이유를 추론해 보도록 합시다.

우선 위에서 이야기한 것처럼 실험실 조건에서는 효과가 있다는 것을 보여주는 논문들이 상당히 많이 있습니다. 인체 실험이든 동물 실험이든 임상 시험결과까지 첨부하면서 말이죠. 하지만 말입니다. 임상 시험도 역시 실험입니다. 다른 영향력이 모두 통제된 잘 디자인된 실험입니다. 이런 경우 두 실험군의 차이가 실제 생활에 주는 영향력이 얼마나 되는지 상관없이 통계적으로 보인다면 영향을 주는 것이라고 결론을 내립니다. 100가지 건강에 중요한 요인들이 있는데 유산균이 1등으로 가장 중요하든 100등으로 영향력이 매우 약하든 실험군에서의 차이는 유산균은 건강에 미치는 영향력이 있다고 서술되는 것입니다.

또 하나 과학자들이 잘 이야기하지 않는 것이 있습니다. 사실 일반적으로 과학 논문은 실험 후 차이가 있는 것이 출간됩니다. 예를 들면 유산균을 먹는 것이 건강에 어떠한 영향을 주는지를 실험한다고 하였을 때, 상당수의 경우 연구비를 받을 때나 실험을 처음 시작할 때 차이가 있을 것으로 미리 가정합니다. 혹은 이런 가정을 하지 않아도 상관없습니다. 실험 결과를 논문으로 발표할 때는 차이가 있다는 결과를 발표하여야 새로운 발견이 되어 논문으로 발표할 수 있습니다. 차이가 없었다, 효과가 없었다라는 것만으로는 논문 발표가 쉽지 않습니다.

더 어려운 것은 누군가가 유사한 상황에서 효과가 있다는 것을 발표하였다면 효과가 없다, 차이가 없다는 것을 발표하기가 너무 어려워집니다. 왜냐구요? 차이가 있다는 것은 그 차이를 발견하는 것만으로 실험이 완결성을 가지게 됩니다. 실험 과정에 문제만 없다면요. 하지만 차이가 없다는 것으로 결론난다면 어려운 길을 가야 합니다. 그 이유는 차이가 없음을 과학적으로 증명하기가 거의 불가능하기 때문입니다.

쉽게 이야기하자면 차이를 관측하지 못하였다면 진짜 차이가 없을 수도 있겠지만, 차이가 있음에도 차이를 실험하는 학사가 관측하지 못하였을 수도 있기 때문입니다. 더군다나 누군가가 비슷한 상황에서 차이가 있다고 관측했다면 실험을 수행한 학자가 관측하지 못한 것에 무게가 실리게 됩니다. 마치 강아지가 갈대숲에 숨어있을 때 짖는 소리가 들리면 강아지가 있다는 것이 증명되지만 짖는 소리가 들리지 않는다고 해서 없다고는 말을 못 하는 것과 유사합니다. 따라서 유산균의 효과에 관한 논문들은 효과가 있다는 것이 너무나 당연하게 주류를 이루게 됩니다. 아니, 효과가 있다는 결론이 나와야 논문작성을 시작하기 마련입니다.

그러면 유산균이 풍부한 발효유를 계속 정기적으로 먹는 것이 건강에 도움이 되지 않는 것일까요? 아닙니다. 식품과 영양학을 연구하는 저는 감히 장담하건대 장수하기 위해 모든 연령층에서 주기적으로 꼭 먹어야 하는 것을 추천하라고 한다면 발효유를 추천하겠습니다.

그 이유는 첫 번째로 당연히 유산균의 적절한 섭취가 중요하기 때문입니다. 우리의 장에는 미생물들이 잔뜩 들어있고, 어찌 되었건 우리는 계속 살아있는 미생물을 먹게 됩니다(절대적으로 먹지 않을 수 없습니다). 그렇다면 건강에 해를 끼치지 않는 유산균을 주기적으로 일정량 공급하는 것도 중요하다고 생각합니다. 식품학적인 면에서 돌려 이야기하자면 우리가 건강을 유지하기 위해 지켜야 할 것이 몇 가지 있는데 그중 하나가 발효식품을 일정하게 먹는 것입니다. 한국인에게는 김치가 이 역할을 해왔습니다.

두 번째, 발효유는 엄청나게 좋은 단백질과 칼슘의 공급원입니다. 뼈가 커야 하는 어린이, 골다공증이 오는 연세 드신 분들 모두 양질의 칼슘을 공급하여야 합니다. 아마 가장 좋은 양질의 칼슘 공급원은 우유일 겁니다. 하지만 우유에는 유당(lactose)의 농도가 높아 유당이 들어가면 설사를 하는 유당불내증(lactose intolerance)을 앓는 한국인들이 많이 있고, 특히 연세가 많은 분들 중에도 우유를 마시는 것을 힘들어하는 분들이 계십니다. 그런 점에서 발효유는 유산균이 유당을 먹어 치우면서 성장을 하기 때문에 유당불내증의 걱정을 덜어내면서 우유의 중요 성분들을 섭취할 수 있습니다(유당불내증도 일본어랍니다). 또한 발효유는 일반적으로 강한 가열처리를 하지 않기 때문에 비타민, 특히 지용성 비타민의 아주 좋은 공급원입니다. 따라서 발효유는 건강에 도움이 되기 때문에 정기적인 발효유의 섭취를 강력히 추천합니다.

유산균이 우리의 몸을 건강하게 만드는 데 효과가 있다는 것을 증명하였던 것 중 하나는 비피더스균(*Bifidobacterium* sp.)입니다. 비피더스균 특히 비피도박테리움 인판티스(*Bifidobacterium infantis*)와 비피도박테리움 비피덤(*Bifidobacterium bifidum*)은 모유를 섭취하는 유아의 대표적인 장내 미생물입니다. 유아가 이유식을 시작하거나 성인이 되면 잘 관찰되지 않는 두 종의 비피더스균(*Bifidobacterium* sp.)은 모유를 먹는 건강한 유아에서만 발견됩니다. 즉, 모유 섭취, 유아의 건강함, 비피더스균(*Bifidobacterium* sp.)이 연결되어 유산균이 우리 인간들의 건강에 중요한 역할을 한다고 이야기합니다.

비슷한 논리로 건강한 사람과 상대적으로 건강하지 않은 사람의 장내 미생물에서 유산균의 함량을 살펴보면, 건강한 사람이 유산균이 더 많거나, 혹은 유산균을 섭취하여 건강이 개선된 사람이 그렇지 않은 사람보다 유산균이 더 많이 관찰된다는 연구결과가 있습니다(그렇지 않은 결과도 사실 많이 있습니다). 물론 유산균이 건강상태를 개선하였을 수도 있습니다. 그 가능성을 부정하는 것은 아닙니다. 그리고 유산균이 인간의 건강에 긍정적인 영향을 끼친다는 것을 부정하는 것도 아닙니다. 하지만 위의 두 가지 사례의 논리는 상관관계를 인과

관계로 해석한 것이 대부분입니다.

상관관계와 인과관계는 서로 다른 것이고 실험적 결과의 해석에서 가장 중요하게 다루어야 합니다. 위의 두 가지 사례를 다른 관점에서 해석해 보겠습니다. 모유를 먹은 아기들은 일반적으로 건강합니다. 다양한 이유가 있을 수 있습니다만 아무튼 건강한 경우가 많이 있습니다. 그리고 모유에는 다른 어떤 음식에서 그리고 다른 포유류에는 없는 인간만이 가지고 있는 한 가지 영양성분이 풍부하게 있습니다. 바로 모유올리고당(human milk oligosaccharide)입니다.

모유올리고당은 전체 모유의 영양성분 중 세 번째로 풍부하고, 그 양은 모유의 단백질만큼이나 있습니다. 이 모유올리고당은 우유를 먹은 아기들의 영양성분으로 사용하지 않습니다. 그러면 이 모유올리고당의 역할은 무엇일까요? 비피더스균은 다른 미생물과 달리 특별한 능력을 한 가지 더 가지고 있습니다. 바로 모유올리고당을 분해하여 먹고 자랄 수 있는 능력입니다.

이것을 정리하면 모유를 먹은 건강한 아기들은 먹은 모유에 있는 탄소원인 유당(lactose)을 대부분 섭취해버리고 유아의 소장과 대장에는 다른 탄소원이 별로 없습니다. 그런 와중에 유아는 모유올리고당을 소화시키지 않고 그대로 소장과 대장에 내립니다. 그러면 당연히 이 모유올리고당을 분해하고 먹으며 성장할 수 있는 비피더스균이 다른 미생물보다 경쟁우위를 차지하게 됩니다. 즉, 비피더스균 때문에 아기가 건강해진 것이 아니라 건강한 아기의 장내 환경이 결과적으로 비피더스균이 상대적으로 잘 자랄 수 있는 환경이 되어 비피더스균이 우점종이 되었을 수도 있다는 것입니다(사실 추측이 아니라 팩트입니다).

마찬가지로 건강한 사람의 장내 환경이, 생활 습관이, 음식 습관이 유산균이 잘 자랄 수 있게 만들었을 수도 있습니다. 우리는 여기서 유산균과 미생물에게는 자신들의 거주환경에 해당하는 우리의 건강이 최소한 일방적인 관계가 아닌 상호 영향을 주는 관계라는 것을 인정하여야 합니다.

2

미생물과 인간의 건강:
똥 덩어리의 새로운 발견/장내 미생물

| To infinity……and beyond: 유산균을 넘어 장내 미생물로 |

"To infinity……and beyond" 이 말은 제가 가장 좋아하는 영화 중 하나인 '토이 스토리(Toy story)'에 나오는 대사입니다. 귀여운 주인공인 버즈 라이트이어(Buzz Lightyear)가 씩씩하게 어딘가로 출동하면서 외치는 구호입니다.

"무한을 향하여 그리고 그 너머로"라는 이 말을 좀 더 해석하자면 '무엇인가 우리가 알 수 있는 끝을 향하고 그 너머까지 나가자'라는 매우 강한 도전정신과 노력을 나타내는 문구라고 생각할 수 있습니다. 여기에 두 단어만 더 추가한다면 공부하는 사람 또는 연구자로서의 자세를 아주 잘 나타내는 것 같아서 참 좋아하는 문구입니다.

"To the infinity of knowledge… and beyond"

메치니코프 이전의 미생물은 우리의 적군으로, 우리에게 해를 끼치는 존재였습니다. 20세기 초 메치니코프에 의해 유산균은 건강에 도움이 되고 우리의 수명연장을 하는 데 필요한 존재가 될 수 있다는 패러다임의 전환을 가져오며 미생물의 영역을 극한으로 확대하였습니다. 그러나 지금 21세기에 들어와서는 그 너머로 나아가고 있습니다. 식품 미생물인 유산균에서 유산균이 속하는, 아니 속해야 하는 장내 미생물(intestinal microbiome)로 말입니다.

| 장내 미생물의 등장 및 그 종류 |

메치니코프는 단순하게 우리의 생활에 유산균을 도입한 것이 아닙니다. 메치니코프 이전에도 유산균은 존재하였지만 그 전에는 그저 발효유를 만들어내는 식품 미생물 중 하나에 불과했습니다. 메치니코프의 공로는 단순히 유산균을 이야기하고 유산균 산업을 만들어 낸 것에 그치지 않습니다. 메치니코프의 과학적 혁신성은 유산균과 함께 우리의 뱃속에 살아가는 '이상한 놈들'인 장내 미생물에 의미를 부여한 것이 가장 크다고 하겠습니다.

그 전에는 장내 미생물이 어떤 역할을 하는지 잘 몰랐고 인간의 생활과 건강유지에 있어 불필요하거나 없애 버려야 할 것으로 생각하였습니다. 뭐, 당연하다고 생각합니다. 그 냄새는 썩어가는 고약한 냄새가 났고, 주기적으로 몸 밖으로 배출해내서 제거하던 것이었습니다. 더럽고 지저분한 것의 상징이나 마찬가지였죠. 하지만 메치니코프는 그 고약한 것을 만드는 것에 관심을 가지고 그것에 의미를 부여하기 시작하였습니다.

장내 미생물들이 우리의 건강을 해치고 질병을 유발시키는 것이 아니라 잘만 키우면 우리의 건강을 좋게 만들어 주는 도구가 될 수 있는 존재가 된 것입니다. 단지 그 당시에는 유산균만을 생각하였습니다. 왜냐하면 아직 장내 미생물은 알려진 것이 거의 없었기 때문입니다. 처음에는 대장균이 가장 대표적이고 가장 많이 존재하는 장내 미생물이라 생각하였습니다. 그리고 아직까지도 상당수의 일반인들은 대장에 있는 미생물의 대부분 혹은 대표적인 대장 미생물을 이 대장균으로 생각하고 있습니다.

사실 대장균을 한번이라도 키워본 사람이라면 이 말에 수긍할지도 모릅니다. 그 냄새가 대장에서 나오는 배변 냄새와 너무 유사하고 고약하거든요. 대장균으로 실험 후 가압증기살균기(autoclave)로 살균하고 기기의 뚜껑을 열었을 때 증기와 같이 올라오는 그 냄새는…… 하하하, 잊지 못할 냄새가 올라옵니다.

대장균의 학명은 *Escherichia coli*로 독일의 미생물학자 테오도르 에셔리키아(*Theodor Escherichia*)가 1885년에 발견하였습니다. 그렇습니다. 대장균의 속명(Genus)은 발견자의 이름을 따서 지었습니다. 그리고 종명(Species)인 coli는 직장을 뜻하는 colon에서 온 단어입니다. 결국 직장, 즉 똥에서 Eshcerichia가 발견한 미생물이란 의미입니다.

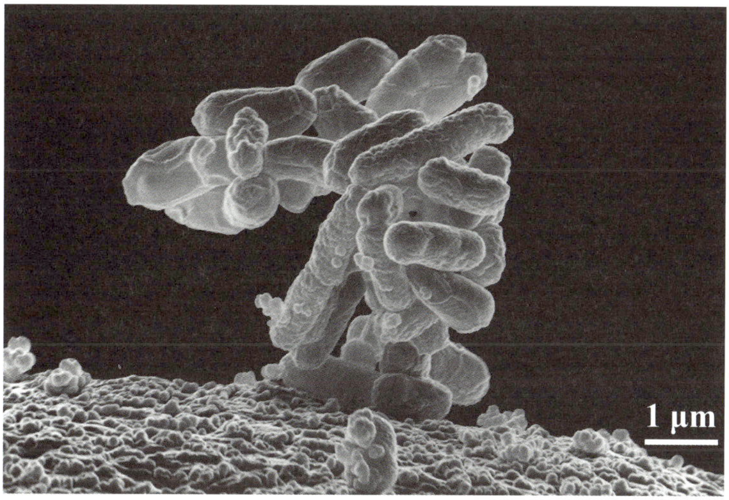

10,000배 확대된 미생물인 대장균 군집(출처: wikipedia)

대장균은 미생물 중 가장 많이 연구된 미생물입니다. 그리고 병원균으로 장내 대표 미생물이라는 위치를 차지하게 됩니다. 하지만 대장균은 일반적이고 정상적인 장내 미생물입니다. 물론 병원성을 가지는 대장균도 존재합니다. 이질균에게 못된 세포독성 능력을 얻은 장 출혈성 대장균 같은 것들 말입니다. 하지만 대장균 대부분은 일반적인 장내 미생물일 뿐입니다.

그러면 왜 미디어나 신문 등의 매체에서 대장균이 검출되었다고 하면 난리가 날까요? 그것은 대장균이 인간과 동물의 장에서만 살 수 있기 때문입니다. 따라서 대장균이 검출되었다고 하면 어떤 경로를 통해서든 장의 내용물, 즉 배변이 묻었을 가능성이 있다는 의미입니다. 화장실에 다녀와서 손을 씻지 않았든지 혹은 직간접적으로 배변의 내용물이 검출된 곳을 거쳐 갔다는 것을 증명합니다. 대장균은 위생상태를 점검하는 지표미생물이고 그 자체가 식중독 유발균이 아닌 정상 균총입니다.

음…… 생각해 보세요. 인간과 동물의 똥이 거쳐 갔다니…… 절대 먹고 싶지 않을 겁니다.

대장균은 일반인이 가지고 있는 정상적인 장내 미생물입니다. 그러면 우리의 장에는 대장균이 가득 차 있을까요? 그건 아닙니다. 개인별로 차이가 있지만 대장균은 전체 장내 미생물 중 1~10% 정도밖에 차지하지 않습니다. 그렇다면 왜 연구자들은 꽤 오랜 시간 동안 대장균을 대표 장내 미생물로 생각하였을까요?

우리가 장내 미생물에 대해 연구하려면 결국 장에서 배출되어 나온 배변 속에 있는 미생물을 관찰하여야 합니다. 네, 장내 미생물 이야기를 하면서 똥 이야기를 하지 않고 지나갈 수는 없습니다. 문제는 똥이 우리 몸 밖으로 나오면, 소화기 내부에서 외부의 환경으로 완전히 달라진다는 것에 있습니다. 양쪽 모두 우리 몸 외부이지만 말입니다. 똥으로부터 장내 미생물을 연구하기 위해서는 똥으로부터 미생물을 순수배양하여 누가 있는지를 확인하여야 합니다. 그런데 환경의 차이 때문에 연구자들이 실험실에서 똥으로부터 순수배양할 수 있는 미생물은 극히 제한되어 있었습니다. 아직도 배양이 가능한 미생물은 전체 장내 미생물의 1% 정도로 생각하고 있는데 20세기 초, 중반이라면 더했겠지요.

이런 조건에서 가장 잘 자라고 가장 빠르게 자라는 것이 대장균이었습니다.

진짜 과학자들이 키우는 미생물 중 가장 빨리 자라는 녀석이라고 해도 틀린 이야기는 아닙니다. 이러니 장내 미생물을 연구하기 위해 똥으로부터 미생물을 배양하면 대장균만 전부 버글버글 증식했기 때문에 이것을 보고 대장균이 대표 장내 미생물이라고 생각하였던 것입니다.

그러면 장내 미생물은 어떤 녀석들로 이루어져 있을까요? 솔직히 이야기해서 저도 아직 전부는 모르겠습니다. 혹시 누군가는 저보다 더 많이 알고 있을지도 모릅니다. 최근 미생물 분석기기의 성능 향상이 눈부십니다. 한 번에 수많은 미생물 데이터를 얻을 수 있는 메타지노믹스(metagenomics) 기술의 발전은 만들어지는 데이터를 쫓아가기도 힘들 정도로 많은 정보를 생산하고 있으니까요.

앞에서 이야기한 것처럼 똥으로부터 미생물을 키우고 순수배양하여 장내 미생물의 종류를 밝히는 일은 아직도 매우 어려운 일입니다. 인간의 뱃속을 떠나면 자라지 않던 녀석들이 갑자기 신나서 잘 자라지는 않으니까요. 다양한 실험 및 배양 기술의 발전으로 꽤 많은 미생물을 발견했지만 그것으로 장내 미생물이 전부 설명되지는 않습니다.

20세기 중반부터 미생물학자들은 미생물의 종류를 미생물이 자라면서 실제 발현되는 외형적 특징(phenotype)이 아니라 DNA를 분석하여 미생물이 가지고 있는 공통의 혹은 독특한 DNA 시퀀스(genotype)를 이용하여 미생물을 구분하기 시작하였습니다. 모든 생명체가 공통으로 가지고 있는 유전자 시퀀스를 읽어 각 생명체 간 시퀀스의 유사성과 변형 정도를 수학적으로 산출할 수 있습니다. 이를 이용하여 서로의 진화론적 근접성을 계산하였고 각 생명체의 종(species)을 결정하는 방법을 개발하였습니다. 즉, 우리가 미생물을 알아낼 때 순수배양하지 않고, 미생물의 DNA 조각들만 얻을 수 있으면 어떠한 미생물이 있었는지 정확하게 알 수 있게 된 것입니다. 이후 과학자들은 발견되는 미생물의 DNA 정보를 데이터베이스화하기 시작했고 이를 이용하여 미생물을 규명하기 시작합니다. 누군가가 있었다는 것을 직접 보지 않고, 그 흔적만 가지고 누가 있었다는 것을 알아내는 것과 같습니다.

20세기 말, 유전학과 분자 생물학 분야는 눈부시게 발전합니다. 동시에 DNA를 찾아내고, 분리하고, 증폭하여 그 시퀀스를 읽는 기술도 혁신적으로 발전하게 됩니다. 이를 이용하여 분변이나 때로는 직접 내시경을 통해 샘플을 채취하여 장내 미생물을 규명하기 시작했습니다. 처음에는 이러한 유전자를 이용한 방법으로 장내 미생물을 규명하였을 때, 실험이 오염되어 잘못되었다고 생각하였습니다. 너무나 많은 그리고 그 많은 것들의 대부분을 우리가 모르는 미생물 집단이었다는 결과가 나왔기 때문이죠. 비록 처음처럼 폭발적이지는 않지만 계속되는 실험으로 인해 아직도 장내 미생물의 종류는 계속 늘어가고 있습니다.

과학자들 간에 이견이 있을 수 있지만, 아직 인류가 순수배양으로 알아낸 장내 미생물은 전체 장내 미생물의 5~10% 정도로 추정하고 있습니다. 그 정도로 우리의 뱃속에는 다양하고 수많은 종류의 미생물들이 존재하고 있습니다. 현재 수많은 데이터가 쌓여 대략의 속(genus)은 거의 정확하게 규명되고 있습니니다. 하지만 종(species)으로 내려가면 아직도 우리가 모르는 미생물이 훨씬 더 많이 있습니다. 그리고 우리가 지금도 메타지노믹스(metagenomics) 방법으로 관측한 미생물은 실제 존재하는 미생물들의 전체가 아닐 것으로 생각하고 있습니다. 그래서 장내 미생물이 어떠한 것들로 이루어져 있느냐고 질문하면 솔직히 아직도 완전히는 모른다고 답을 해야 할 것 같습니다. 많이는 알고 있긴 하지만 뭔가 희미하고 그것이 전부가 아닌 것 같아서 말입니다.

| 장내 미생물, 너 거기서 뭐 하니? |

미생물 학자들이 추정하기로는 한 사람의 몸에는 그 사람을 이루고 있는 세포의 숫자보다 더 많은 숫자의 미생물이 존재한다고 합니다. 이 정도면 사람에 미생물이 붙어사는 것인지 미생물 집단에 사람이 끼어들어 사는 것인지 구별이 안 될 정도입니다. 그리고 그 미생물의 대부분은 장내 미생물입니다. 이렇게 많은 장내 미생물이 우리의 몸에서 무엇을 하는 것일까요? 그냥 덩어리체로 존재만 하는 것일까요? 아니면 무슨 특정한 기능을 하는 것일까요? 사실 이 질문은 유산균 연구에서부터 항상 물어 왔던 질문입니다. 단지, 이제는 단 하나 혹은 몇 종류의 유산균이 아니라 수없이 많은 미생물 집단에 던지는 질문으로 바뀌었을 뿐입니다.

유산균이 우리 몸에 주는 영향을 생각하면서 유산균과 같이 존재하는 다른 미생물을 무시한다는 것은 너무나도 단순한 생각이었습니다. 유산균도 장내 미생물 집단 중 하나이고 유산균의 존재는 가장 먼저 장내 미생물 집단에 변이를 주는 것에서부터 시작되는 것입니다. 그러면 위에서 했던 질문을 장내 미생물에 적용해 보겠습니다.

'장내 미생물 집단의 역할은 무엇이고 장내 미생물 집단을 조절하여 인간수명을 연장할 수 있을까요?' 사실 이 질문의 답을 연상할 수 있는 힌트는 이미 메치니코프의 저서에 나와 있습니다. 메치니코프가 인간의 사망원인이 장(腸) 안 찌꺼기들의 부패라고 하였습니다. 비록 메치니코프의 관찰이 모든 것을 직접적으로 설명하지는 못한다 하더라도 최소한 소장과 대장 안에서의 발효상태, 즉 장내 미생물 집단의 구성과 그 상태가 인간의 건강과 질병에 상관관계를 보인다는 것을 제시하였던 것입니다. 그리고 장수를 누리고 있는 사람들은 유산균을 섭취하여 변화하든 아니면 다른 요인에 의하여 변이를 하든 장내 미생물 집단의 변이를 유발하는 어떠한 행위를 하고 있다는 것을 보고 하였습니다.

메치니코프의 관찰 및 제시된 가설은 수많은 유산균 실험을 이끌었으며, 그 결과로 최소한 인간의 건강과 장내 미생물 균총의 변화는 어떠한 상관관계가 있다는 것을 알아내었습니다. 단지, 인과관계를 풀어낸 것이 아니기 때문에 알아낸 것을 사용하여 인간들이 원하는 건강개선의 방향으로 조절하기는 어려웠습니다.

가장 큰 어려움은 장내 미생물 구성 자체가 개인별로 상당히 차이가 난다는 것과 그것이 당연하다는 것입니다. 섭취하는 음식, 개인적인 특성, 나이, 건강상태 등 인간들이 가지고 있는 다양한 조건에 따라 너무 차이가 나게 됩니다. 그래서 인위적인 조절로 장내 미생물 균총을 바꾼다고 하더라도, 그 결과로 장내 미생물 균총이 바뀌었다고 하더라도 바뀐 장내 미생물 균총이 우리가 직접적이고 의도적으로 영향을 준 것 때문에 변이되었다고 특정 짓기 굉장히 어려웠습니다. 다시 말해 앞에서 이야기했던 그 딜레마, 미생물의 변이 때문에 인간이 건강해졌는지, 인간의 건강 및 다른 요인에 의하여 장내 미생물이 변이할 수 있게 됐는지를 정의하기는 어려웠습니다. 결국 장내 미생물과 그 장내 미생물을 가지고 있는 인간의 건강과 어떠한 상관관계가 있어 보인다는 추정 수준을 벗어나지는 못하였습니다.

비슷한 시기에 인간의 건강에 관한 관심도 변화를 하였습니다. 초기에는 인간수명의 연장이라는 거창한 것에서 시작하였습니다. 그리고 점차 질병의 치료를 목적으로 연구를 진행하였습니다. 미생물의 감염이 인간에게 질병을 유발한다는 것을 알고 있는 과학자들이 그렇게 접근한 것은 타당하였습니다.

미생물 감염에 의한 질병, 암 등의 몇 가지 질병을 미생물과 연관 지어 연구하였습니다. 조금 더 시간이 흐름에 따라 관심은 인간의 질병 중 대사성 질환으로 집중되었습니다. 비만, 고혈압, 당뇨 등 대사성 질환은 인간의 식습관과 밀접한 관계를 맺고 있습니다. 대사성 질환은 사람들이 먹는 음식에 따라 그리고 그 음식을 소화, 흡수하는 정도에 따라 영향을 받습니다. 따라서 소화기에 존재하고 더군다나 소화기 중에서도 소화와 흡수를 담당하는 소장과 대장에 있는 장내 미생물이 대사성 질환에 영향을 주지 않을까 하고 생각한 것은 매우 영리한 접근이었습니다. 이러한 연구가 계속되는 와중에 아주 재미있는 그리고 의미 있는 실험이 수행됩니다.

| 잡았다 이놈! 장내 미생물과 건강의 인과관계 증명: 쌍둥이 집단 실험 |

좋은 장내 미생물과 유산균이 실제로 우리 건강에 효과가 있다는 수많은 논문에도 불구하고, '그럴 것 같다', '그럴지도 모른다'라는 정도의 짐작(speculation)을 벗어나기는 어려웠습니다.

물론 일단의 과학자들은 좋은 장내 미생물과 유산균이 건강에 효과가 있을 것이라는 확신을 가지고 주장하였습니다. 그리고 수많은 유산균 음료와 관련 제품들이 나왔지요. 반면 다른 과학자들은 효과가 있을 것 같았지만 정확하게 증명되지 않아 고민하였습니다. 물론 확신을 가지고 주장하는 과학자들의 목소리가 더 컸습니다.

앞에서 이야기한 것과 같이 무엇인가를 보여주는 결과가 있을 때, 그렇지 않을지도 모른다는 논증을 증명하는 것은 매우 어렵거나 불가능하기도 합니다. 논문으로 나가기도 힘들고요.

유산균을 중심으로 하는 장내 미생물의 변화를 유발하는 것들은 이미 식품산업의 큰 분야로 성립되어버렸습니다. 유산균을 섭취하는 것이 최소한 건강에는 해를 끼치지 않는다고 증명되었으며 발효식품은 인간이 역사 속에서 늘 먹어 왔던 것입니다. 이렇게 되면 효과가 있나 없나를 떠나, '효과가 있으면 어떻게 있나'와 '효과가 없을 수도 있다'라는 과학적인 입장의 논증에서 부정적인 입장을 취하기가 매우 어려워집니다. 특히 산업계와 연결되어 돈의 문제가 결합되면 말입니다.

유산균의 효과와 장내 미생물 균총 변화의 효과를 연구하던 와중에 한 과학자가 매우 영리하면서도 엉뚱하고 재미있는 실험을 수행하였습니다.

미국 미주리 주(Missouri state)의 세인트루이스(St. Louis)에 있는 워싱턴 대학(Washington University)에 제프리 고든(Jeffrey I. Gordon)이라는 교수가 있었습니다. 내과 의사이며 생물학자, 미생물학자인 이 분도 장내 미생물에 많은 관심이 있었습니다. 그동안 행해졌던 실험의 한계는 비교하는 두 집단의 장내 미생물의 균총에 강력한 영향을 주는 개개인의 개인적·사회적 환경, 생활 습관의 차이를 일정하게 균등하게 유지하기 어려운 것이었습니다.

고든은 이를 극복하기 위해 일란성 쌍둥이를 선택하였습니다. 일란성 쌍둥이는 유전적으로 완전히 똑같으므로 개인 간의 유전적 차이를 완전히 무시할 수 있었습니다(실제로도 실험동물은 똑같은 유전자를 가진 동물을 이용하여 실험하곤 합니다). 그리고 쌍둥이는 같은 성장환경에서 거의 같은 사회적 경험을 공유하며 성장합니다. 그리고 그다음에는 똑같은 환경에서 성장한 일란성 쌍둥이 중 한 명은 건강하고 날씬하지만 다른 한 명은 비만인 쌍둥이들로 두 집단을 구성합니다. 그리고 두 집단의 장내 미생물을 비교합니다. 사실 이런 이야기를 하면 미안하지만 정말 기막힌 실험 집단입니다. 이러한 집단을 구성하는 것은 쉬운 일이 아닙니다. 단기간에 실험결과를 얻어야 하는 연구자들이 만들기는 어려운 실험 집단입니다. 이런 조건을 가진 쌍둥이를 찾기도 어렵기도 하고요. 하지만 고든은 의사였기 때문에 병원에서 환자들을 많이 만날 수 있었습니다. 그리고 상당한 시간을 들여 비교 실험 집단을 만드는 데 성공하였습니다.

그는 두 집단의 장내 미생물 균총을 비교하여 비만인 사람과 비만이 아닌 사람의 장내 미생물 균총의 차이를 규명할 수 있는 결과를 얻게 됩니다. 그리고 비만인 사람과 비만이 아닌 사람의 장내 미생물 균총을 똑같은 특성을 가지는 두 집단의 실험 쥐에 이식합니다. 일정하고 똑같은 조건에서 쥐들을 생활하게 하고, 이것을 비교한 결과 비만인 사람의 장내 미생물을 이식받은 쥐는 비만이 아닌 사람의 장내 미생물을 이식받은 쥐보다 더 뚱뚱해졌음을 증명하였습니다. 드디어…… 장내 미생물이 우리의 건강에 영향을 미치는 것을 실험적으로 증명한 것입니다.

| 그럼 내 배가 나오는 것이 비만 미생물 때문인 거야? |

아닙니다. 내가 살이 찌고 배가 나오는 것은 비만 미생물 때문이 아닙니다. 최소한 장내 미생물이 주원인으로 지목되어 규탄받는 것은 옳지 않습니다. 살이 찌는 것은 단순히 많이 먹어서 그렇습니다. 음식의 종류, 소화, 흡수, 에너지 필요량, 운동량 등 고려해야 할 것은 많지만 특별히 질병이 있지 않은 이상 살이 찌는 것은 몸이 필요로 하는 에너지 이상으로 에너지를 만들 수 있는 음식을 공급하였기 때문입니다.

조금 더 과학적으로 이야기하자면 세포 안의 아세틸-코에이(acetyl-CoA) 생산 및 소모의 균형이 생산 쪽으로 치우치면서 몸 안에 축적되기 시작하면, 이를 이용하여 중성지방을 합성한 뒤 세포에 저장하면서 우리가 뚱뚱해지는 것입니다. 괜히 장내 미생물 핑계를 대면 안 됩니다. 장내 미생물이 비만에 영향을 주는 부분은 매우 미약합니다. 최소한 주범은 아니지요. 음…… 주범을 도와주고 있는 도우미 정도는 되겠습니다.

그렇다면 위에서 한 실험결과는 어떻게 된 것일까요? 실험은 실험일 뿐입니다. 우리가 증명하고자 하는 것을 보기 위한 통제된 환경에서의 결과입니다. 실제 우리의 생활은 실험 조건과 완전히 다릅니다. 제프리 고든의 실험은 실험 조건에서 비만이 아닌 사람의 장내 미생물을 이식한 쥐들과 비교하여 비만인 사람의 장내 미생물을 이식한 쥐들의 평균 체중이 상대적으로 더 나간다는 것 그 이상도 이하도 아닙니다.

비만이 아닌 사람의 장내 미생물을 이식한 쥐들은 다른 조건의 쥐들과 비교하면 체중이 더 나갈 수도 있습니다. 그리고 두 집단의 쥐 모두 비만이 아닌 사람의 장내 미생물을 이식한 쥐들도 많이 먹이고 운동시키지 않으면 두 집단 모두 뚱뚱한 쥐들이 됩니다. 사실 비만인 사람의 장내 미생물 또한 일반적인 인간들이 가지는 장내 미생물 집단입니다. 물론 눈에 띄는 독특한 균주의 차이는 있습니다. 그렇다고 비만인 사람의 장내 미생물이 잘못되었거나 비만이 아닌 사람들이 전혀 가지고 있지 않은 미생물로만 이루어진 것은 아닙니다. 상당 부분은 기본적으로 정상적인 장내 미생물 균총을 이루고 있는 각 미생물의 상대적인 양적 차이입니다. 음…… 균형이 바뀌었다고 할까요?

그렇기 때문에 비만을 유도하는, 비만의 원인이 되는 비만 미생물이란 건 없습니다. 반대로 가만히 있어도 살이 빠지는 그런 다이어트 미생물도 없습니다.

아! 있을 수도 있습니다. 이질균이나 살모넬라균 등 강력한 설사를 유발하는 미생물을 먹으면 가만히 있어도 살이 쭉쭉 빠질 겁니다. 하지만 그걸 다이어트라고 해야 할까요? 사실 갑작스러운 체중 감량은 매우 무서운 행위입니다.

암 진단 설문지 중에 눈에 띄는 항목이 하나 있습니다. '특별히 운동을 하거나 심각한 절식을 하지 않았는데 한 달에 5~10kg 이상 몸무게가 빠졌냐'라는 질문입니다. 정상적인 몸은 그렇게 갑자기 몸무게가 줄지 않습니다. 정상적인 우리의 몸은 늘 일정한 항상성(恒常性)을 유지하기 위해 끊임없이 노력하기 때문입니다. 하긴 그래서 살 빼기가 어려운 것이기도 하지요.

| 다시 묻습니다: 장내 미생물이 우리를 건강하게 할까 아니면 건강한 장내 환경이 미생물 균총을 바꿀까? |

쌍둥이를 이용한 실험은 여러 가지 실험으로 발전하였고 또 다른 과학자들을 통해 증명되기도 하였습니다. 대부분의 실험에서 비만과 비만이 아닌 사람의 장내 미생물의 대표적인 차이는 박테로이데스(*Bacteroides* sp.)였습니다. 계속

된 연구에서 박테로이데스(*Bacteroides* sp.)균은 마치 건강한 유아의 대표 장내 미생물인 비피더스(*Bifidobacterium* sp.)균처럼 건강한 성인의 대표 장내 미생물로 상징되었습니다. 그렇다면 박테로이데스균을 유산균처럼 순수배양하여 따로 먹는다면 어떻게 될까요? 건강해질 수 있지 않을까요? 불행히도 그것은 안 됩니다. '불가능하다'가 아니라 '그래서는 안 됩니다'입니다.

박테로이데스균은 병원성 균입니다. 박테로이데스균의 일부는 설사를 유발하는 것으로 알려져 있습니다. 이 균은 특정한 상황에서 인간의 장을 보호하는 점액질인 뮤신(mucin)을 분해하고 그것을 먹으면서 내장의 방어벽을 무너트려 장의 점막을 자극해 설사를 유발합니다. 신기하고 재미있지 않습니까? 건강한 사람의 대표 장내 미생물이 설사를 유발할 수 있는 병원성 미생물을 포함하고 있으니까요.

과학자들은 발효 최종산물을 이용하여 박테로이데스균들이 비만에 대해 건강한 미생물로서 인간에게 영향을 주는 방법을 설명합니다. 이 균들은 일반적인 장내 미생물의 발효 최종산물인 에탄올, 초산, 젖산과 달리 짧은 지방산(단쇄 지방산: short chain fatty acid)을 생산해 내고 이들은 사람들의 소장에서 흡수되어 에너지원으로 사용될 수 있습니다. 비만에 대해서는 결국 인체의 에너지 대사에 연관되어 있지 않으면 설명할 수 없으니까요.

하지만 이것만 있는 것은 아닙니다. 계속된 연구로 박테로이데스들의 특징이 밝혀지기 시작하였습니다. 주로 박테로이데스 테타이오타오미크론(*B. thetaiotaomicron*)과 박테로이데스 프라젤리스(*B. fragilis*)에 대한 연구가 많이 진행되었습니다. 이들 균주는 각종 탄수화물, 특히 탄수화물 다당체(polysaccharide)를 분해하여 에너지원으로 사용할 수 있는 능력이 월등합니다. 동물성 탄수화물인 글리코겐(glycogen)과 뮤신(mucin)을 분해하고 그 구성 탄수화물을 대사(metabolism)할 수 있는 효소들을 전부 가지고 있는 것은 물론이고 대부분의 식품성 탄수화물 다당체 역시 분해하여 대사할 수 있는 능력이 있습니다.

녹말(starch)은 물론이고 인간이 소화할 수 없는 식물의 세포벽을 이루는 셀룰로오스(cellulose)와 헤미셀룰로오스(hemicellulose)를 성장에 필요한 탄소원으로 사용할 수 있는 능력도 있습니다. 뭐, 못 먹는 것이 없는 완전 잡식성이라고 할 수 있습니다. 최고의 생존 능력을 가지고 있는 셈입니다.

일반적으로 비만이 아닌 사람들은 비만인 사람들과 비교하여 다른 식습관과 생활 습관을 가지고 있는 경우가 많습니다. 몇 가지를 꼽아본다면 적절한 운동으로 몸 안의 세포에서 생산된 에너지를 충분히 사용하고 적당히 먹거나 좀 모자라게 먹는 소식(小食)을 하고 골고루 먹으면서 식물성 음식인 채소를 충분히 먹습니다. 그렇다면 이제 박테로이데스 균이 가지는 특징과 건강한 비만이 아닌 사람들이 가지는 일반적인 생활 습관을 연결해 봅시다. 충분한 운동과 동시에 식물성 섬유질이 풍부한 음식을 적게 먹기 때문에 음식의 효율적인 소화 흡수와 혹시 여분의 에너지 생산이 필요합니다.

박테로이데스균은 식물의 세포벽을 이루고 있는 식물성 탄수화물 다당체를 효과적으로 분해할 수 있고, 짧은 지방산을 생산하여 여분의 에너지 물질을 보내 줄 수도 있으며, 다른 장내 미생물과 비교하여 식물성, 동물성 가리지 않고 먹지 못하는 탄수화물이 없으므로 생존 경쟁에서 비교 우위를 차지할 수 있을 것입니다. 마치 모유올리고당을 분해하여 먹을 수 있는 비피더스가 모유를 먹는 유아의 대표적이고 우월적인 장내 미생물이 된 것과 마찬가지로 말입니다.

결국 질문에 대한 답은 역시 '일방적인 관계는 아닌 상호 영향을 주는 관계다'가 맞을 것 같습니다. 인체도 필요에 따라 장내 미생물을 이용하여 마치 장내 미생물을 우리가 먹는 음식을 소화, 분해하고 에너지를 생산하는 또 다른 하나의 인체기관처럼 사용합니다. 그리고 장내 미생물도 우리가 먹는 음식과 생활 습관에 따라 그들이 살아가는 환경이 변하고 그 환경에서 가장 잘 생존할 수 있는 미생물들이 우점종이 된다라고 생각합니다.

인류가 탄생한 이후 계속 같이 살아가는 두 생명체가 한쪽만 일방적으로 유리한 관계를 맺지는 않은 것 같습니다. 자신의 상황에 가장 맞는 짝을 육성하여 같이 생활하는 것이 아닌가 합니다. 우리가 건강한 생활을 하고 건강한 상태라면 역시 우리의 건강에 도움이 되는 짝을 만나고 우리의 생활 습관이 나쁜 길로 빠져들면 뱃속의 짝꿍들도 나쁜 길로 빠져든다 생각합니다.

3

장내 미생물의 새로운 발견: 공생에서 치열한 전쟁터로

| 20세기에서 21세기로: paradigm의 전환 |

장내 미생물의 역할이 단지 주변 환경과의 상호작용을 바탕으로 에너지 대사와 음식의 소화를 통한 비만 정도에만 관여할까요? 사실 아닙니다. 잊었나요? 폴 에를리히, 일리야 메치니코프 등은 기본적으로 면역학으로 노벨상을 수상한 사람들입니다. 많은 미생물학자들이 면역학을 같이 연구하였습니다. 인간의 건강과 관계있는 미생물을 연구하는 과학자들은 결코 면역학을 피해갈 수 없습니다.

다시 복습해 볼까요? 사람의 몸은 가운데가 뚫려 있는 도넛과 같고 도넛 안쪽에는 미생물이 전혀 없습니다. 만일 미생물이 도넛 안쪽으로 들어오면 사람은 죽음에까지 이를 수 있습니다. 좋은 미생물이든 나쁜 미생물이든 상관없습니다. 누구라도 들어오면 우리 몸이 위험해 집니다. 그런데 도넛 바깥쪽 표면은 완전히 미생물로 가득 차 있습니다. 인간들과 인체에 서식하는 미생물은 위험한 동거를 하고 있는 것입니다. 이러한 상황에서 가장 바쁜 것은 우리 몸 안쪽으로 들어오는 외부의 이상 물질을 처리하는 면역 시스템입니다.

면역 시스템 입장에서 보면 우리 몸의 표면은 최대의 적군들이 총집합하고 있는 장소입니다. 전쟁과 전투의 최전선이 바로 우리 몸의 표면입니다. 우리 몸의 표면에 사는 수많은 미생물은 끊임없이 감시하고 제거해야 할 대상인 것입니다. 사실 인체 미생물 특히, 장내 미생물이 가장 밀접하게 상호작용하는 것은 소장과 대장의 상피세포들이 아닌 내장기관의 표면과 그 밑에 있는 면역 시스템입니다. 그러므로 인체에서 생활하는 미생물과 인체의 상호관계를 연구하는 사람들은 우리 몸의 면역 시스템을 피해 갈 수 없습니다. 이제 장내 미생물이 우리 면역 시스템에 주는 영향에 대해 이야기하도록 하겠습니다.

유산균에 대한 연구가 진행되고 있을 때도 인체의 면역 강화 같은 면역 시스템에 관한 연구도 진행되고 있었습니다. 개괄적으로 이야기한다면 인체의 표피세포 밑에는 대식세포(macrophage)들이 대기하고 있습니다. 외부에서 무엇인가 들어오면 바로 가서 잡아먹기 위해서 말입니다. 동시에 M세포는 상피세포들과 나란히 표피에 분포하여 지나가는 미생물을 몸 안쪽으로 끌어들입니다. 그리고 M세포 밑에서 대식세포가 대기하고 있다가 들어오는 미생물을 꿀꺽하고 먹은 후 대식세포 안에서 소화시켜 버립니다. 그러면 지나가던 미생물은 완전히 날벼락을 맞는 겁니다.

대식세포는 미생물을 먹은 조각들을 자신의 몸 표면에 두르고 후천 면역세포(adaptive immunity)들에게 전달합니다. 항체들의 특이성을 교육시키는 항원을 만들어 전달하는 것입니다. 그리고 특정 부위의 면역 시스템이 작용하면, 지금 이 부위에 미생물이 들어와 면역 시스템이 작동하여 전쟁 중이라는 것을 알리는 면역 전달 물질이 분비됩니다. 대표적인 것들이 사이토카인(cytokine)입니다. 이 사이토카인이 많이 분비되어 농도가 높아지면, 우리 몸 다른 곳에 있는 면역세포들이 찾아와 도움을 줍니다. 그리고 점점 더 많은 면역 세포들이 작용하기 시작하면 후천면역 시스템도 움직이기 시작합니다. 인체의 면역 시스템은 이것 이외에도 상당히 복잡하게 많이 있습니다만 일단 이것만 알고 다음으로 넘어가겠습니다.

초창기 장내 미생물을 연구하던 당시만 하더라도 우리 뱃속에 그렇게 다양하고 엄청난 수의 미생물이 있을 것이라고 생각하지 못하였습니다. 그래서 인체 면역기와 장내 미생물 간의 상호관계(host-microbiome interaction)도 꽤 평화롭다고 생각하였습니다.

장내 미생물들은 골고루 넓게 분포하고 면역기와 평화롭게 균형을 이루고 있을 것으로 생각하였습니다. 뭐, 마치 중세시대에 각자 성을 지어 영주님이 사는 것처럼 적당히 견제하면서 말입니다. 그리고 외부에서 병원성 미생물이 나타났을 때 면역 시스템이 작용하고 우리 몸의 최전방인 상피세포에 분포하는 선천 면역 시스템(innate immunity)이 충분히 감당할 수 있을 것으로 생각했습니다. 그래서 선천 면역 시스템은 글자 그대로 타고 난 것으로 생각했고, 후천 면역과 같이 특별한 교육이나 준비 없이도 충분히 반응할 수 있을 것으로 보았습니다. 균형과 평화(balance & peace) 상태라고 할까요?

20세기가 진행되면서 과학자들은 더 많은 면역 시스템을 발견하게 됩니다. 생각보다 다양한 면역세포들과 단백질, 면역 작용들이 있었습니다. 동시에 분자생물학을 통해 미생물의 배양 없이 미생물이 있었던 DNA 흔적만을 가지고 어떤 미생물이 대략 얼마나 있었는지를 알 수 있게 됩니다. 이렇게 20세기가 저물고 21세기로 접어들면서 새로운 과학적 사실이 밝혀지고 더 좋은 분석방법을 사용할 수 있게 됩니다. 그 결과 우리는 이제까지 생각해 왔던 것만으로는 장내 미생물과 인체와의 상호작용을 설명할 수 없다는 사실을 깨닫게 됩니다. 마이크로바이옴 상호작용(Host-microbiome interaction)의 패러다임이 변화하게 됩니다. 이거, 중세시대라고 생각했는데 중세시대가 아니었습니다.

| 세기말의 발견, 그리고 새로운 세기의 시작 |

20세기 중반 이후에 과학자들이 발견하는 장내 미생물의 숫자는 점점 늘어나게 됩니다. 그리고 아마 우리가 생각하는 것보다도 훨씬 더 많은 종류의 미생물이 서식할지도 모른다는 생각을 가지게 됩니다. 면역학에서는 면역 시스템의 다양성이 밝혀지고, 면역 시스템이 우리 몸 전체를 어떻게 관리하고 어디까지 뻗어 있으며 우리 몸에 어떤 영향을 주는지가 연구됩니다. 그리고 20세기 말부터 21세기 초까지 두 가지의 중요한 발견이 이루어지게 됩니다.

❖ 다양한 미생물 인지 시스템 발견: PRRs

미생물이 외부에서 침입을 받으면 면역 시스템이 가동됩니다. 하지만 면역 시스템이 가동되기 위해서는 외부에서 들어온 미생물이라는 것을 먼저 인지하고 경보를 울려야 합니다. 1990년대부터 미생물학자들과 세포생물학자들은 세포가 미생물을 인지하는 방법을 밝혀내기 시작합니다.

분자 인지 시스템(molecular recognition system)이라 불리는 이 시스템의 가장 중요한 부분은 직접적인 접촉을 통해 외부에서 들어온 미생물 일부를 인식할 수 있는 유형인지수용체(pattern-recognition receptor)라는 것입니다. 줄여서 PRR이라고 하는 이 단백질은 대식세포(macrophage), 호중구(neutrophile), 호산구(eosinophile), 비만세포(mast cell), 수지상 세포(dendritic cell) 그리고 가장 외부에 있는 상피세포(epithelial cell)에 존재하며 병원성 미생물을 인식하거나(pathogen associated molecular pattern: PAMP) 미생물의 침입을 통해 파괴된 상처 입은 우리 몸의 세포들(damage associated molecular pattern: DAMP)을 인식합니다. 즉, 외부에서 침입한 미생물을 인식하거나(적군을 인식하거나) 미생물의 침입으로 점령되어버린 우리 몸의 세포(적군이 존재하는 곳)를 인식합니다. 그러면 뒤따라오는 선천 면역 시스템이 뒤처리합니다. 아니, 전쟁이 시작되는 것이지요.

외부에서의 침입이 PRR를 통해 인식되면 사이토카인(cytokine)과 같은 면역 신호가 맹렬히 분비되고 다른 곳에 있는 면역 시스템에 도움을 청하게 됩니다. 그래서 침입한 미생물을 잡아서 먹어버리고 미생물이 침입했던 곳은 우리 몸 세포들이라도 죽여버립니다. 그냥 초토화해버리고 다시 건강한 세포가 성장하게 합니다. 마치 좀비 영화에서 좀비들이 마을을 차지하면 폭격으로 마을을 완전히 쓸어버리는 것과 비슷합니다. 이러한 상황이 발생하는 것을 염증(inflammation)이라고 하지요.

과학자들이 생물학의 신비를 푼 것까지는 좋았는데 문제는 이 PRR들이 인지하는 생물분자들의 종류가 다양하였고, 매우 특이적이었습니다. 그리고 그 분포도 미생물과 바로 붙어 있는 상피세포에까지 폭넓게 존재하였습니다. 다시 말하면 우리의 상피세포, 특히 장 상피세포에 폭넓게 퍼져 있고, 다양한 생체 분자를 굉장히 민감하게 인식할 수 있다는 것입니다.

장내 미생물이 존재하는 곳, 우리의 소장과 대장은 그냥 평화롭게 장내 미생물과 우리 세포들이 공존하고 있는 것이 아니라, 우리 몸의 세포들이 끊임없이 능동적으로 촉을 세워 감시하고 있었습니다. 미생물과의 평화공존 체제가 아닌 급습과 감시, 국지전의 전시 체제였습니다.

❖ 유전자 시퀀싱 기술의 발전: NGS의 등장

20세기 말부터 생물학을 연구하는 데 있어 엄청난 변화가 몰아칩니다. 각종 생물학 분석기기의 발달은 짧은 시간 동안에 엄청나게 많은 생체 분자 데이터를 얻을 수 있게 되었습니다. 소위 말하는 바이오 빅데이터(bio big-data)의 시대, 생물정보학(bioinformatics)의 시대가 열린 것입니다. 이런 빅데이터 시대를 가능하게 했던 것은 NGS(next generation sequencing)라고 하는 유전자 분석기기와 질량분석기(mass spectrometry)입니다.

NGS는 DNA로 새겨져 있는 유전정보와 유전자(gene)의 mRNA로의 발현정보를 엄청난 속도로 분석할 수 있게 하였습니다. 실제로 NGS 이전에는 미생물의 전체 유전정보를 해독하는 데 1~2년의 세월이 걸렸지만 지금은 1~2주면 충분히 가능하게 되었습니다. 다음으로 질량분석기는 단백질 발현정보(expression information)를 단시간에 분석할 수 있게 하였습니다. 전에는 세포 내부에서 발현된 단백질 전체를 분석한다는 것을 엄두도 내지 못하였습니다. 많은 양의 시료와 오랜 시간이 걸려서야, 그것도 겨우 일부분만을 분석할 수 있었습니다. 이전에는 미생물 안의 약 200개 단백질 발현정보를 분석하기 위해서는 운도 좋아야 했고, 열심히 연구하면 2년 정도의 시간이 걸렸습니다. 하지만 지금은 하루만 있어도 약 5,000~10,000개의 단백질 발현을 확인할 수가 있습니다.

21세기에는 이렇게 짧은 시간에 엄청난 양의 데이터를 생산하는 오믹스(omics)의 시대가 열린 것입니다. DNA 레벨의 유전자 정보를 확인하는 유전체학(genomics), 유전자의 mRNA로 발현 전체를 을 추적할 수 있는 전사체학(transcriptomics), 유전자가 발현된 전체 단백질 정보를 얻어 연구하는 단백체학(proteomics)이 각각 생명체가 생명활동을 하는 모든 정보를 얻어낼 수 있게 된 것입니다.

이렇게 대량의 유전자를 빠르게 분석하는 NGS는 메타지노믹스(metagenomics)

라는 분야를 가능하게 하였습니다. 특정한 환경에 있는 모든 DNA를 회수하고 회수한 DNA를 전부 시퀀싱하여 유전정보를 얻어냅니다. 그 후 컴퓨터의 도움으로 방대하지만 작게 잘려진 유전정보를 연결하여 실질적으로 의미 있는 유전자들을 찾아냅니다.

이 방법이 가장 효과적으로 사용된 것이 특정 시료 안에 있는 미생물 균총을 알아내는 일이었습니다. 인류는 장내 미생물을 배양하지 않고 짧은 시간에 알아낼 수 있었습니다. 빠른 속도를 이용하여 데이터 분석이 따라가지 못할 정도의 많은 미생물 균총에 대한 정보를 생산하였습니다. NGS를 이용한 장내 미생물을 규명한 결과, 앞에서 미리 이야기했듯이 정말 다양한 미생물들이 존재하고 있었습니다. 우리 몸 전체 세포 수보다 더 많은 미생물이 우리 몸 표면에 있었습니다.

위의 두 가지 발견을 합치면 예상 밖의 결론이 나옵니다. NGS를 통해 얻은 상상 이상의, 다양한, 막대한 양의 미생물을 우리의 상피세포와 면역세포들이 능동적으로 민감하게 감시하고 있다는 것은 양적인 면에서 성립하기 어렵습니다. 일단 그 수많은 다양한 미생물을 하나하나 전부 인식할 정도로 PRR을 가지는 것도 불가능하고 적어도 미생물 중에 병원성을 가지는 것과 병원성을 가지지 않고 일반적으로 존재하는 미생물을 각각 분류하여 하나하나 인식한다는 것도 불가능에 가까웠습니다.

가장 큰 문제는 면역 신호였습니다. 그 수많은 미생물을 전부 인식한다면 그 때 발생하는 면역 신호는 감당이 안 될 정도일 것입니다. 엄청난 양의 사이토카인(cytokine)들이 몸 안으로 방출되어 온몸 전체의 면역 시스템이 최고조로 활성화될 것입니다. 그리고 활성화된 면역 시스템의 조절에 실패한다면 우리 몸 전체의 조절 기능의 상실로 이어져 사망할 수도 있게 됩니다. 이것이 유명한 사이토카인 쇼크(cytokine shock)에 의한 사망입니다. 수많은 양의 장내 미생물과 우리 몸 면역 시스템의 민감성은 동시에 설명될 수 없습니다. 그래서 과학자들은 내장과 장내 미생물 간의 상호작용에 대한 새로운 이론을 만들어냈습니다. 바로 Gut-microbiome crosstalk 이론입니다.

| 우리 몸과 미생물의 면역학적 대화: Gut-Microbiome crosstalk |

이 이론은 사실 간단합니다. 우리 몸의 면역 시스템이 장내 미생물 중에서 우리에게 해를 끼치지 않으면서 늘 존재하는 미생물들을 인식하고 그들에 대하여는 면역 작용을 민감하게 일으키지 않는다는 것입니다. 마치 우리가 소리를 인식하는 것과 같습니다. 일상생활 중 우리 주위에는 늘 끊임없이 소리가 존재하고, 그 소리 신호는 우리 귀에 들어 옵니다. 하지만 일상적으로 주위에 늘 존재하는 소리는 일반적으로 배경소음으로 걸러내고 배경소음과 다른 특정한 의미를 가지는 소리에만 우리의 신경과 두뇌가 집중합니다. 환경에 존재하면서 우리의 청각을 자극하는 그 수많은 배경소음 모두에 집중하고 반응하면 일상적인 생활이 불가능해질 것입니다. 미생물과 면역 시스템의 관계도 이와 같지 않을까 생각합니다.

말은 간단합니다. 하지만 사실 상당히 복잡한 내용을 포함하고 있습니다. 그 수많은 미생물이 어떠한 방법을 통해 우리의 면역 시스템과 끊임없이 서로 정보를 주고받는다는 것입니다. 그리고 면역 시스템에서 장내 미생물 중 몸에 해를 끼치지 않는 일반 미생물 균총(normal microflora)을 무시한다는 것 또한 중요한 점을 시사합니다. 마치 청각 신호 중에서 인간의 뇌에서 배경소음을 무시하는 것과 마찬가지로 말입니다.

선천 면역은 태어날 때부터 타고나는 것으로 후천 면역과 같이 특별한 교육이 필요하지 않다는 것이 현재 교과서의 내용입니다. 하지만 gut-microbiome crosstalk에서는 선천 면역 시스템도 교육(training)이 필요하게 됩니다. 한 번이라도 먼저 인지하고 안전한 일반 미생물 균총(normal microflora)으로 분류하여야 합니다. 예를 들어 주변 환경에서 발생하는 소음을 들으며 '경험'한 시간이 있어야 나중에 그 소리를 배경소음으로 인지할 수 있는 것과 비슷한 원리입니다.

일반 미생물에 대한 인지 교육이 없는 선천 면역 그대로라면 인간의 면역 시스템은 태어날 때부터 일반 미생물 균총에 대한 정보를 가지고 태어나야 합니다. 개인 한 명 한 명의 장내 미생물 차이와 개인 한 명의 시간과 환경변화에 따른 미생물 균총 변화를 보면 태어날 때부터 일반 미생물 균총의 정보를 가지고 태어난다는 것은 도저히 불가능에 가까운 이야기입니다. 그렇다면 선천 면역(innate immunity)도 결국 후천 면역(adaptive immunity)처럼 미생물 균총의 변화를 인지하고 기억해야 한다는 결론에 도달하게 됩니다.

한발 더 나아가 장내 미생물 균총과 면역 시스템과의 관계를 상상해 봅시다.

선천 면역 시스템은 일정한 시간 동안 문제를 일으키지 않는 어느 범위의 미생물 균총을 일반 미생물 균총으로 인지합니다. 개인이 가지는 장내 미생물의 기본 레퍼런스 데이터베이스(reference database)와 같은 것이지요. 여기까지가 정상상태입니다. 여기에 외부에서 병원성 미생물이 들어와 인체에 해를 끼칠 수 있습니다. 병원성 미생물의 침입이 상피세포에서 시작되거나, 침입을 이미 받아서 세포에 문제가 생겼거나, 무엇인가 세포의 정상적인 대사작용을 방해하는 작용이 발생한다면 우리 몸의 선천·후천 면역 시스템이 강력하게 작용을 하게 된다고 생각할 수 있습니다.

또 다른 가능성이 있습니다. 외부의 어떠한 간섭으로 정상 미생물 균총에 변화가 온다면, 가령 미생물 간의 양적 균형의 심각한 변화 같은 현상이 발생한다면 장내 미생물끼리 경쟁 이외에 면역 시스템이 참견하여 원래 상태로 돌리려는 움직임이 있을 수 있습니다. 기존의 미생물 레퍼런스 데이터베이스에 변화가 왔을 때, 그 변화가 우리 몸과 조화를 이루어 안정화되기 전까지 면역 시스템이 원래 상태로 돌리려고 노력한다는 것입니다. 마치 배경소음이 바뀌었을 때, 새로운 배경소음에 적응하기까지 계속 신경을 쓰거나 고통을 받는 것과 비슷하지요.

우리가 물갈이라고 하는 새로운 환경에 들어가 새로운 음식을 먹을 때나 어떤 발효식품이나 미생물 제제 등을 먹어 장내 미생물 균총에 급격한 변화를 주었을 때처럼 감염에 의한 질병은 아니지만 뭔가 설사가 나오거나 배가 거북한 것은 이러한 과정을 겪었기 때문일 수 있습니다. 이 생각이 옳다면 장내 미생물 균총이 일정한 균형을 유지하고 있는 것이 우리가 장 건강을 유지하는 중요한 요인이 될 것입니다.

Gut-microbiome crosstalk는 장내 미생물과 면역 시스템 간의 상호작용뿐만 아니라 면역 시스템을 중간 매개체로 하여 우리 몸의 다른 부분과 서로 소통한다고 생각할 수 있습니다. 소장과 대장에 영향을 주는 것이 미생물의 직접적인 자극과 상호작용뿐만 아니라 마치 신경세포를 이용하여 뇌에 자극을 전달하는 것처럼 면역 시스템을 매개체로 이루어질 수 있다고 생각합니다. 면역 시스템은 우리의 몸 구석구석까지 인체의 모든 부분에서 작용합니다. 그렇다면 Gut-microbiome crosstalk는 확장할 수 있습니다.

Crosstalk의 대상이 우리 몸 전체이고 그 수단이 면역 시스템인 것이지요. 실제 장내 미생물의 변화와 류마티스 관절염, 크론병과 같은 면역계 질환이 상관관계가 있다고 보고되어 있습니다. 면역 시스템은 뇌에까지 들어가 있습니다. 장내 미생물이 면역 시스템과 양방향의 상호작용을 한다면, 장내 미생물의 변화는 뇌에까지 미칠 수 있습니다. 자폐증과 같은 일부 뇌 질환 또한 장내 미생물 균총과 영향이 있다는 보고도 있습니다.

유산균에서 시작한 장내 미생물은 우리의 상상 이상으로 면역 시스템과 밀접한 상호작용을 하고 있으며 면역 시스템을 매개로 하여 우리 몸 전체에 영향을 미칠 수 있을 것으로 확장되었습니다. 이제 장내 미생물이 우리의 건강에 영향을 주고 중요한 요인이 된다는 것은 누구도 부정할 수 없는 상황이 되었습니다.

4

장내 미생물과 질병의 치료:
똥! 똥도 약이야! 진짜로!

| 건강의 유지를 넘어서 질병의 치료로 |

장내 미생물이 우리의 건강에 중요한 임무를 수행한다는 것을 알게 되었습니다. 하지만 중요한 영향의 방향성은 우리 건강을 유지하거나 나쁜 방향으로 진행되는 것을 회복시켜주는 쪽에 가깝습니다.

메치니코프와 많은 미생물학자들이 꿈꿔 왔던 직접적인 질병의 치료는 아직 아니었습니다. 이것은 기능성 식품과 약의 차이와 비슷합니다. 기능성 식품은 어떤 상황을 개선하는 방향으로 나가는 식품이지 절대적으로 질병을 치료해주는 약이 아닙니다. 반대로 약은 건강을 유지시키거나 개선시키는 것이 아닌 특정 질병을 치료한다는 목적을 가져야 합니다. 따라서 음식만으로는 질병을 치료할 수 없습니다. 질병을 치료한다면 그것은 약학의 분야로 넘어가는 것이 옳다고 생각합니다.

한국처럼 미국에서도 질병의 치료제인 약으로 사용되기 위해서는 미국의 식품의약품안전처인 FDA(Food and Drug Administration)의 공식 승인을 받아야 합니다. 이 공식 승인을 받기 위해서는 여러 독성 테스트와 임상 시험을 거쳐 안전성과 효과가 검증되어야만 합니다. 마찬가지로 의료기술로 인정을 받기 위해서도 여러 단계의 임상 시험을 거친 후 FDA의 승인을 얻어야 합니다.

아직 유산균이 이러한 임상 시험을 거쳐서 특정 질병의 치료제로 인정을 받은 경우는 없습니다. 수많은 유산균이 질병 치료에 유효하다는 논문에도 불구하고 유산균과 유산균의 사용은 모두 식품첨가물에 준하여 승인받고 있을 뿐입니다. 그러나 이제는 장내 미생물을 이용하여 질병을 치료할 수 있다는 것이 공식적으로 증명되기 시작하였습니다.

| Fecal Microbiome Transplantation(FMT): 똥 들어간다! |

먼저 fecal microbiome transplantation을 어떻게 불러야 할지 모르겠습니다. 다른 이름으로는 stool transplantation이라고 부릅니다. 글자 그대로 해석하면 '분변이식술'이라고도 하기는 합니다만 썩 좋은 이름은 아닙니다. 왜냐하면 분변, 즉 똥을 사용하기는 하지만 정작 이식하고자 하는 것은 장내 미생물이기 때문입니다. 그리고 이 단어로부터 상상되는 이미지도 별로 좋지는 않습니다. 단지 장내 미생물을 별도로 얻기 힘드니까 분변을 사용하는 것뿐입니다. 저는 그냥 FMT라고 하겠습니다.

이 치료 방법은 이름에서 알 수 있듯이 똥을 이식하여…… 아니 장내 미생물을 이용하여 질병을 치료하는 방법입니다. 분변을 이용하여 질병을 치료하는 것은 고대문명과 동양의학에서 사용한 기록들이 있습니다. 우리나라도 똥통 위에 뜨는 노란 물을 사용하여 상한 성대를 치료한다는 민간요법이 있습니다. 판소리 영화 '서편제'에서도 나왔지요.

우리나라뿐만 아니라 중의학에서도 똥을 사용한 기록들이 분명히 남아 있습니다. 하지만 그것은 지금 이야기하려는 것과는 조금 거리가 떨어져 있습니다. 현대에 들어서 20세기 중반부터 일부 의사들만이 이 방법을 사용하였습니다. 대상은 주로 궤양성 대장염(ulcerative colitis), 크론병(Crohn's disease)과 같은 자가면역질환 환자였습니다. 치료 효과는 상당히 좋았지만 의학계 전반에서 받아들여져 사용되지는 않았습니다.

20세기 말에 드디어 FMT가 병원성 미생물인 *Clostridium difficile* 감염 치료에 시도됩니다. *Clostridium difficile*는 우리의 소장에 주로 콜로니를 만들어 거주하면서 염증을 유발합니다. 염증을 일으키는 자가면역성 질환과 증상은 유사하지만 병의 원인은 서로 다릅니다. *Clostridium difficile* 감염의 문제는 이 세균이 포자를 만든다는 데 있습니다. 강력한 항생제 처리를 하여도 조금만 주의를 기울이지 않으면 포자 형태로 잠복하다가 기회가 되었을 때 다시 재발합니다. 특히 재발하였을 때, 항생제 내성을 얻은 경우도 많아 염증 부위의 외과적 수술밖에 방법이 없는 경우도 흔하다 합니다. 재발한 *Clostridium difficile* 감염은 반코마이신(vancomycin)을 처방하지만 치료 확률은 50% 정도밖에 되지 않는다고 합니다. 뭐, 치료가 되던지 말던지 반반인 것이지요.

20세기 중반 *Clostridium difficile* 감염의 대체 치료법으로 먼저 사용된 것은 FMT가 아닌 관장이었습니다. 관장을 통해 장내 미생물 균총을 완전히 뒤집어엎어 버리는 것이 뜻밖에 효과가 있었음을 관측하였습니다. 이를 바탕으로 20세기 말에는 일단의 의사들이 FMT를 시도합니다. 그리고 그 효과는 상당하였습니다. 80% 이상의 완치 효과를 목격하였고 다른 의사들에 의해서도 항생제 치료조차 효과가 없는 환자의 90%에 가까운 치료 효과를 보고됩니다.

계속되는 의사들의 실험적 치료와 그 성과는 결국 미국의 NIH(National Institute of Health)와 FDA를 움직였습니다. 2010년대에 미국의 유명 대형 병원을 중심으로 임상 시험에 돌입합니다. 이는 FMT를 정규 의료행위 즉, 의료기술로 등재할 것인지와 FMT의 대상인 배변(stool)을 약재와 동일하게 취급하여 기준을 만들기 위한 연구였습니다. 결과는 훌륭했습니다. 전부 완치율 90% 이상의 훌륭한 성과를 얻었습니다. 항문으로부터의 접근, 내시경을 통한 구강에서의 접근 모두 동일한 효과를 얻었고 배변에 다른 안정화 제제를 섞어서 시도하였을 때도 성공하였습니다. 드디어, 인간의 똥이 질병의 치료제로 사용되는 순간이었습니다. 그러나…… FDA는 실험적 치료의 지침만 만들고 약이나 공식적 안전성이 입증된 치료 방법으로는 승인하지 않았습니다.

아직도 FMT를 시행하기 위하여는 FDA로부터 실험계획과 안전성을 입증한 IND(Investigational New Drug: 실험용 신약)이라는 라이선스를 받아야만 가능합니다. 왜 그랬을까요?

FMT의 효과에 대해서는 논의할 것도 없이 매우 좋았고 문제도 없었습니다. 문제는 치료에 쓰이는 배변입니다. 배면에는 몇 가지 위험요소가 있었습니다.

첫 번째는 안전성(safety)입니다. 배변의 안전성은 심각하게 논의되었습니다. 뭐, 당연하겠지요. 사람들은 배변을 가장 지저분하고 위험한 것으로 여겨 왔었으니까요. 인체는 인체 내부로 들어온 각종 독성 물질들을 제거하는 방법으로 배변을 사용합니다. 몇 가지 위험성이 제시되었고 결국 FMT 처방을 받은 사람이 사망하는 사고가 발생하였습니다. 물론 이 사고가 나기 전이 이미 결정된 사항이지만 신약으로 자유롭게 FMT 시술을 허용하는 사항을 결정할 당시 걱정하였던 사고가 발발한 것입니다. 만일 치료에 사용되는 배변(stool)에 병원성 미생물이 섞여 있으면 그것은 매우 치명적인 결과를 유발합니다. 실제로 항생제 내성 병원균이 섞여 있었던 경우도 있었고 바이러스가 섞여 있을 수도 있습니다. 아무리 안전성 테스트를 한다고 하여도 모든 미생물과 바이러스를 대상으로 실험할 수는 없는 일입니다.

두 번째는 어느 배변이 효과가 있는 좋은 배변인지를 알기 어렵다는 것입니다. 혹시 어떤 기증자의 배변이 좋은 효과를 냈을 때 그 사람에게 계속해서 대량의 배변을 얻을 수도 없고, 시간에 따라 그 효과가 유지된다고도 볼 수 없습니다. 간단히 약으로 사용되는 제품인데 QC(quality control)가 전혀 안 된다는 것입니다.

세 번째는 그 조성을 정확히 알 수 없다는 것입니다. 일반적으로 치료에 사용되는 약은 그 조성을 매우 정확히 알 수 있습니다. 하지만 이 배변 시료는 그 조성을 전혀 알 수가 없습니다. 그게 가능할까요? 배변에서 질병의 치료에 필요한 유효성분은 미생물 균총입니다. 그리고 배변의 나머지 성분들은 결국 불순물입니다. 이렇게 관리할 수 없는 불순물이 많은 것을 약으로 승인한다는 것은 매우 위험한 일입니다.

마지막으로 한가지 짚고 넘어가야 할 것이 있습니다. FMT은 미생물에 의한 질병의 치료 효과가 의학적으로 처음 인정된 경우입니다. 장내 미생물과 인간과의 상호작용 연구의 매우 중요한 분기점에 있어 다양한 실험적 데이터가 쏟아져 나오고 있는 시기입니다. 하지만 아직도 의학적으로 인정된 것은 Clostridium difficile 감염에 의한 중증 장염뿐입니다. 자가면역질환들도 아직은 공식적으로 인정받고 있지 못합니다. 다시 말해 아무 질병이나 병증에 쓸 수 있는 것은 아직 아니라는 이야기입니다. 장내 미생물과 비만 등의 대사성 질환을 연결 짓는 경우가 많이 있습니다만 역시 아직 의학적 효과의 입증은 요원합니다. 제발, 다이어트 하겠다고 날씬한 사람 똥을 이식하는 일은 하지 않았으면 합니다. 제발!

5

다시 원점으로

| 질병과 장내 미생물 |

우리가 '이상한 놈'이라고 말했던 놈들, 인류가 지구 상에 등장하면서부터 늘 우리와 함께 존재해온 미생물들은 이제 인류의 질병을 치료하는 약으로서 그 역할을 확대하고 있습니다. 인간이 우리 곁에 존재하는 미생물을 의식하기 시작한 것은 미생물이 우리를 병들고 아프게 하는 '나쁜 놈' 역할을 하면서 시작되었습니다. 그러나 인간과 미생물의 관계는 식재료를 변화시켜 인간만이 가지고 있는 미색의 세계를 열어주는 '고마운 놈'과 인간 발전의 동력 중 하나인 산업의 영역에서 이용하는 '말 잘 듣는 놈'으로 확장되었습니다.

21세기를 시작하면서 미생물은 우리의 적이 아닌 우리의 질병을 치료해주는 존재로까지 변화하였습니다. 미생물이 우리의 삶에 그 어떤 생명체보다 가까운 관계에 있음을 알게 되면서 인간과 미생물의 관계는 새로운 국면을 맞이하게 됩니다. 이러한 새로운 관계는 건강과 질병의 새로운 정의에서부터 시작되는 것 같습니다. 여기부터의 이야기는 지금도 계속 현재진행형으로 연구가 진행되고, 이론이 정립되고 있는 분야입니다. 혹시 그 이야기에 반론이 있을 수도 있고, 단지 하나의 이론에만 머무를 수도 있습니다. 하지만 여기 이 자리에서 이야기해 보려고 합니다. 제가 어릴 때 읽었던 책들을 보고 과학에 도전하였듯이, 제 이야기가 많은 사람들의 지적 호기심을 자극하기를 바랍니다. 언제나 그래 왔듯 과학적 성과에는 많은 연구와 도전이 필요합니다.

질문입니다. 먼저 '우리가 건강하다'라는 것을 어떻게 정의할 수 있을까요? 그리고 '질병에 걸렸다', '질병을 앓는 상태이다'라는 것은 또 어떻게 정의를 내릴 수 있을까요?

여러 가지 정의가 있을 수 있습니다. 앞서 인간의 사망원인을 이야기한 적이 있습니다. 여러 가지 원인으로 인간은 고통받거나 심하면 사망에까지 이르게 됩니다. 앞에서 이야기한 신체의 물리적 파괴, 외부로부터 이종 생물의 침입, 세포의 조절되지 않는 이상증식, 노화에 따른 기관의 기능상실, 신체 에너지 공급 단절에 이르는 대사성 영양물질 결핍, 인체에 필수적인 기능성 영양물질 결핍, 과량의 에너지 공급에 따른 대사성 질환, 인체 모든 기관 간의 불균형, 면역 시스템의 조절 기능상실 등 몇 가지로 나누어 질병의 원인을 찾아볼 수 있습니다.

저는 여기에 건강하다, 건강하지 않다의 기준을 하나 더 추가해 보려고 합니다. 저는 건강한 상태라는 것이 인간의 항상성이 유지되는 상태라고 정의합니다(아! 물론 제가 처음으로, 저 혼자 이런 주장을 하는 것은 아닙니다). 인체의 대사과정과 생명활동은 매우 역동적으로 반응하지만 반대로 일정하게 유지되는 것들이 여러 가지 있습니다. 체온, 맥박, 혈압, 산소포화도, 이산화 탄소 포화도, pH 등 병원에서 바이탈이라고 부르는 것들이 바로 그것입니다. 이외에도 꽤 많이 있습니다. 혈당치는 바이탈은 아니더라도 정상범위를 벗어나 조절이 안 되면 질병이라고 합니다. 호르몬 수치는 당연하고 요산 수치, 중성지방, 콜레스테롤 등 대사성 질환에 관여된 것들도 많이 있습니다. 백혈구 숫자, 적혈구 숫자, NK 세포 숫자 등 면역에 관여된 것도 많습니다. 우리의 체중도 그것에 속하겠네요.

우리 몸에서 일정한 값을 유지하는, 즉 항상성(homeostasis)을 유지하는 데는 몇 가지 특징이 있습니다. 각 지표들이 유지해야 하는 값들은 변하지 않는 것이 아닙니다. 상당히 민감하게 변화합니다. 혈압이나 맥박을 생각하면 쉽게 이해할 수 있습니다. 이러한 지표들은 외부 환경의 영향을 받고 인체 내 다른 기관의 영향을 받기도 합니다. 인간은 끊임없이 인체 외부와 상호작용을 하는 존재입니다. 사실 모든 생명체가 그렇습니다. 생명체는 생명체가 존재할 수 있는 환경 안에서만 존재가 가능합니다. 그렇지 않고 환경에 영향을 받지 않는다면 우주 어디에도 존재할 수 있는 무엇인가가 되겠지요.

항상성 지표들은 민감하게 변화합니다만, 항상 그 변화의 허용된 범위가 있습니다. 위아래의 변화 가능한 범위가 존재하고 그 범위를 벗어나서 돌아오지 못하고 시간이 흐르면 사망에 이르게 됩니다. 그리고 허용된 변화의 범위는 개인마다 다릅니다. 다시 말하면, '인간의 몸에는 일정한 범위 안에서 유지되어야 하는 역동적인 지표들이 있고 그 변화의 범위는 개인마다 다르다'라고 할 수 있습니다. 이러한 형태로 항상성을 지키는 것들을 저는 동적 안정성(dynamic stability)이라고 합니다. 역동성과 안정성은 서로 반대의 의미를 나타내는데 인체는 이러한 것들을 요구하고 있습니다.

이를 바탕으로 저는 '건강한 상태이다'라는 것을 항상성을 유지해야 하는 지표들이 허용범위 안에서 안정적으로 움직이고 있는 상태라고 이야기하고 싶습니다. 이것은 사람이 근육을 얼마나 가졌는지, 어떤 운동능력을 갖췄는지 하는 것과는 상관이 없습니다. 유약한 몸을 가지고 있어도 그 상태로 늘 항상성을 유지한다면, 그 사람은 그 상태에서 건강하게 살고 있다고 볼 수 있습니다. 다른 사람보다 빨리 뛰지 못하더라도, 다른 사람보다 무거운 것을 들지 못하더라도 그것은 개인 간의 다름이지 비정상인 상태가 아니라는 것입니다.

체중도 개인의 특징을 반영한 범위 안에서 일정하게 유지하는 것이 더 건강한 상태라고 볼 수 있습니다(단, 너무 과한 체중은 범위를 벗어난 것입니다). 차라리 급격한 다이어트로 체중이 변하는 것이 훨씬 더 건강하지 않은 상태일 수도 있습니다. 그리고 '건강이 좋다'라는 것의 의미는 항상성의 지켜야 하는 각 지표의 허용범위가 넓다는 것을 의미합니다. 그리고 각 지표가 허용범위를 벗어났을 때 또는 허용범위 안에서 극적인 변화를 하였을 때 범위 안의 안정된 값으로 돌아오려는 힘이 강하다는 것을 뜻하기도 합니다. 사실 허용범위가 넓다는 말은 튼튼하다 쪽에 더 가깝고, 신체 능력이 강하다는 말이 건강이 좋다 쪽에 더 가깝다고 생각합니다.

이러한 건강의 정의를 바탕으로 생각하면 우리 몸에 같이 살아가는 미생물 균총을 이루고 있는 미생물의 숫자와 종류도 우리가 일정 범위에서 유지하여야 하는 항상성 지표에 속한다고 할 수 있습니다. 이 미생물의 항상성이 깨졌을 때 건강하지 않은 상태가 되고 사람들은 원하지 않는 증상으로 고통받습니다.

앞에서 미생물에 의해 질병이 생기는 것, 인체가 고통받는 것을 두 가지로 나누어 보았습니다. 첫 번째는 병원성 미생물에 의한 감염입니다. 이것은 우리 몸에 존재해서는 안 되는 것이 쳐들어온 것입니다. 두 번째는 바로 미생물 균총의 평형, 균형이 깨지면서 발생한다고 이야기하였습니다. 미생물끼리라면, 그냥 자기들끼리만 알아서 잘 살면서 누가 왕이 되든 문제가 없습니다. 하지만 미생물과 인체는 서로 영향을 주기 때문에 문제가 됩니다. 비록 면역기를 매개로 gut-microbiome crosstalk 이론이 등장하고 실험적으로도 증명되고 있지만, 아직 장내 미생물 분야에서 이 균형이론이 확실하게 자리를 잡지 못하고 있습니다.

위의 두 가지에 의한 서로 다른 원인의 질병은 의외로 산부인과에서 접할 수 있습니다. 여성의 생식기에도 다양한 미생물이 살고 있습니다. 여성의 생식기는 점막으로 둘러싸여 있는 부위로 인체 내부 장기와 바로 연결된 민감한 곳입니다. 하지만 위상학적으로는 역시 인체의 외부입니다. 따라서 다양하고 수많은 미생물이 살고 있습니다. 민감한 만큼 미생물에 의한 질병도 꽤 많이 있다고 합니다.

대부분 '질염(vaginitis)'이라고 이야기하는데 여기도 두 가지의 경우가 존재합니다. 사실 정확한 명칭은 아니지만 꼭 구분하고자 하면 질염(vaginitis)과 질증(vaginosis)으로 나눌 수 있습니다. 질염은 장염, 폐렴과 마찬가지로 염증이 생긴 것을 이야기합니다. 역시 장염, 폐렴의 많은 경우와 마찬가지로 외부에서 병원성 미생물이 침입하는 것을 생각할 수 있습니다.

병원성 미생물이란 원래 그 자리에 존재해서는 안 되는 미생물로 우리 몸 안쪽으로 침입하려고 하든지, 아니면 우리 몸 표피에 붙어살든지 하며 우리를 괴롭히는 것입니다. 원래 우리 몸에 살지 않던 것들이니 우리 몸 면역 시스템도 민감하게 반응하여 대대적인 전투를 벌입니다. 그리고 그 와중에 상피세포들도 상처를 입곤 합니다. 대표적인 경우가 *Candia albicans* 감염에 의한 캔디다 감염증(candidosis)입니다, 이러한 병원성 균주를 감염균이라고 합니다. 의학적으로도 반드시 처방하여 쫓아내야 한다고 합니다.

질증은 조금 다릅니다. 미생물 균총은 원래 정상적으로 그곳에 있어야 하는 미생물 균총이지만, 미생물 간의 균형이 깨지면서 발생하는 문제입니다. 이것은 두 가지 방법으로 균형이 깨질 수 있습니다. 첫 번째로 미생물이 갑자기 너무 양적으로 많아지는 것입니다. 원래 있었던 양보다 범위를 넘어서 많아지는 경우입니다. 참고로 너무 적어져도 문제가 됩니다. 두 번째는 미생물 균총 안에서 각 미생물 간의 균형이 깨지는 경우입니다. 정상적이면 존재는 할 수 있거나 소량으로 존재하는 미생물이 갑자기 대량 발생하는 경우입니다. 이 경우 대량 발생한 미생물의 종류에 따라, 그리고 개인 차이에 따라 증상이 나타날 수도 나타나지 않을 수도 있습니다. 대표적인 미생물이 가드네렐라(*Gardnerella vaginalis*), 유레아플라즈마(*Ureaplasma parvum* 혹은 *Ureaplasma urealyticum*), 마이코플라즈마 호미니스(*Mycoplasma hominis*) 등이 있습니다.

질증이 나타났을 때 흔히 미생물에 감염되었다고도 이야기를 하지만, 사실 이 균주들은 정상적인 사람들도 가지고 있는 균주들이라 감염균은 아닙니다. 그냥 공생균 정도가 되겠습니다. 이러한 정상 미생물 균총의 이상 분포에 의한 질증의 경우 보통 피곤하고 면역기능이 떨어졌을 때 나타난다고 합니다. 바로 주변 환경의 변화로 발생하는 것입니다. 따라서 질증은 환자가 증상이 있으면 치료를 하고 증상이 없거나 불편하지 않으면 약을 사용하는 치료를 하지 않는다고 합니다. 균형을 되돌리는 것이 치료이지 정상적인 균들을 전부 죽이는 것이 우선되는 치료는 아니니까요. 뭐…… 때로는 재건설을 위해 먼저 다 박살 내는 경우도 있다고는 합니다.

| 건강한 미생물 균총이란 존재하는가? |

여기서 당연한 질문이 생깁니다. "건강한 미생물 균총은 무엇이고, 각 미생물의 양적 분포는 어떠해야 하는가?"라는 질문 말입니다. 비슷한 질문을 다루었던 것 같은데 기억나시나요? 유산균에서도 유사한 주제를 다루었습니다. 그

때는 "비만 미생물이 있는가?"였고 답은 "아니오"였습니다. 다시 이야기하지만 자신의 비만을 가지고 뱃속의 미생물을 비난하지 맙시다.

이 질문도 비슷하다고 생각합니다. 하지만 학문적으로는 아직 잘 모르겠습니다. 어떤 미생물 균총이 혹은 특정 장내 미생물이 건강에 좋은지 말입니다. 많은 미생물학자들이 지금도 이 주제를 연구하고 있습니다. 그리고 앞에서 이야기했던 방법들을 이용해 몇 가지 균주를 찾아내기도 하였습니다.

2004년에는 새로운 장내 미생물을 찾아 *Akkermansia muciniphila*라고 이름을 짓기도 하였습니다. 이 균주는 사실 이 책을 쓰고 있는 현재에도 매우 많은 관심을 받는 균주입니다. *Bifidobacterium* sp.이나 *Bacteroides* sp.와 유사한 성격을 가지고 있으면서 비만, 당뇨, 염증성 질환과 상관관계가 있다고 하는 연구결과들이 나왔었거든요. 네, '연구결과' 말입니다. 아직도 상황은 *Bacteroides* sp.를 발견하였을 당시와 비슷합니다. 임상의학적으로 실용적인 실험결과를 가지는 장내 미생물 자체가 아직도 거의 없습니다. 하지만 기억하십니까? 아직 우리가 모르는 장내 미생물이 너무 많다는 것을?

어찌 되었건, *Bacteroides* sp.이든 *A. muciniphila*이든 하나의 균주를 과량으로 넣거나 인위적으로 우점종으로 만들어 버리는 것은 건강에 좋은 영향을 끼칠 것 같지는 않습니다. *Bacteroides* sp.는 점액질(mucin)을 분해하는 능력이 있고 *A. muciniphila*도 *Bacteroides* sp.와 같이 역시 점액질(mucin)을 분해하는 능력이 있습니다. 장의 점액질은 외부로부터 소화기를 보호하는 가장 외각의 방어선입니다. 이 점액질을 외부에서 분해할 수 있는 능력이 있는 것만으로도 언제든 환경에 따라 우리 몸에 침투할 수 있는, 적어도 우리 몸의 최외곽 방어

선을 무너뜨릴 수 있는 능력을 가지고 있다는 것입니다. 본인들이 침투하지 않아도 다른 병원성 미생물의 침투를 도와주는 역할을 할 수 있는 것이지요.

이제 과학자들은 한 종류의 미생물로 우리 몸에 획기적인 변화를 주는 것은 불가능하다고 생각합니다. 마치 페니실린처럼 하나로서 특정한 질병을 해결하는 미생물은 없다고 말입니다. 많이 양보하여도 아직은 발견하지 못하였습니다. 집단을 이루고 있는 장내 미생물은 역시나 집단적 미생물로 변화를 주는 것이 효과적일 것입니다. 사실 *Clostridium difficile* 감염을 치료하기 위해 FMT와 동일한 접근법을 유산균을 이용하여 시도한 적이 있습니다. 하지만 한 종류의 유산균으로는 기대할 만한 효과를 보지 못하였고 결국 FMT와 같이 집단의 미생물을 사용한 경우에만 성공하였습니다.

개인 건강을 위한 최적화된 미생물 집단 혹은 질병을 치료하는 미생물 집단을 찾기 위한 노력은 두 가지 방면으로 진행되고 있습니다. 첫 번째는 최대한 많은 미생물을 찾아서 인위적으로 조합하는 방법입니다. 이를 위해서는 다양한 종류의 미생물을 많이 찾는 것이 열쇠가 됩니다. 만들어진 미생물 라이브러리에서 마치 약을 제조하는 것처럼 잘 섞어서 처방하는 방법입니다.

개인 맞춤형, 질병 맞춤형 방법 등이 있겠지만, 문제는 아직 미생물 숫자가 턱도 없이 많이 모자랍니다. 그리고 각 미생물이 가지는 특성에 대한 이해와 건강 기능성을 밝히는 과정에 많은 시간이 소요되어 더디게 진행되고 있습니다. 하지만 미생물 조제(microbial formulation)라고 하는 이 분야는 미생물을 제약의 경지까지 끌어올리는 연구로 식품첨가물 분야에 있던 건강 기능성 미생물

연구를 제약회사들이 참여하는 산업적 확장을 가져오고 있습니다.

다른 접근법은 정확하게 FMT와 같은 접근법입니다. 앞서 서술하였듯 FMT의 가장 큰 문제점은 각 미생물 조성이 정확히 파악되지 않았다는 점입니다. 이를 고려하고도 FMT적 접근에는 두 가지 상이한 방법이 존재합니다. 첫 번째는 실험적으로 효능을 보이는 타인의 똥을 이용하는 방법입니다. 마치 혈액을 저장하였다가 필요할 때 쓰는 것 같이, 건강한 사람의 똥을 기부받아 저장하여 필요한 사람에게 이식하는 방법입니다. 음…… 타인의 '똥'을 '기부' 받아 '이식'하다니요…… 뭔가 기분이 좀 이상합니다.

하지만 앞서 이야기한 것과 같이 장내 미생물을 하나의 신체 외부 장기로 생각한다면 타인의 장기 이식수술로 대치해 본다면 이해가 되기도 합니다. 이러한 접근법의 완성을 위해 해결해야 할 문제점을 한마디로 정의한다면 바로 이것입니다.

슈퍼 도너(super donner) 이론: 누구의 똥이 슈퍼 똥인가?

과연 누구의 똥이 가장 좋은가? 다른 사람에게 효과가 있더라도 과연 나에게도 효과가 있을 것인가? 건강해 보이기는 하지만 저 녀석의 똥은 과연 안전한 똥인가? 이런 문제입니다. 마치 이식수술에서 이식하는 장기의 면역원성이 이식받는 사람과 일치하지 않으면, 심각한 부작용을 유발하고 심하면 사망에까지 이르게 하는 것과 비슷합니다.

안전성의 문제도 있습니다. 아무리 병원성 미생물을 검사하여 안전한 똥(어

감이 조금 이상합니다만)을 이식한다고 하더라도, 마치 bubble boy, 데이비드 베터(David Vetter)가 최대한 주의하였음에도 골수 이식수술 중 바이러스 감염이 원인이 되어 사망한 것처럼 예상하지 못한 사건이 발생할 수 있습니다.

앞서 이야기한 것을 다시 강조하면, '없다'라는 것은 진짜 없을 수도 있지만 발견하지 못한 것일 수도 있기 때문입니다. 그리고 가장 큰 의문점은 슈퍼 도너(super donner)가 과연 존재하느냐의 문제입니다. 한 명의 똥이 지구 상의 건강이 좋지 않은 수많은 사람들을 구원할 수 있을 것인가라는 의문은 저에게는 진시황이 만병통치약을 찾아 헤매는 것과 비슷하게 느껴집니다. 하지만 현실적으로 지금 FMT에 사용되고 있는 방법이라는 것은 부정할 수 없습니다. 현재 시행하는 FMT는 타인의 변을 기증받아 실험에 사용하고 있습니다.

두 번째는 자기의 변을 모았다가 스스로에게 다시 주입하는 것입니다. 이것도 혈액을 모아 놓았다가 사용하는 것과 비슷합니다. 모아 놓은 혈액이 자기 혈액이 되는 것으로 자가이식 수술과도 비슷하다고 할 수 있습니다. 사실 이러한 것을 위해 돈을 받고 개인의 똥을 모아 저장하는 회사도 있습니다. 뭐, 이상한 것은 아닙니다. 일부 산부인과 병원에서 난자 추출 후 냉동 보관하는 사업을 하고 있는데 이와 비슷합니다. 줄기세포의 중요성이 강조되고 있었을 때 아기들이 태어나면 일부 부모들이 줄기세포가 존재하는 탯줄혈액을 모아 보관하기도 하였습니다(아직도 성업 중입니다).

본인의 똥이니 안전성도 큰 문제가 없을 것입니다. 어찌 되었건 그 똥을 뱃속에 넣고 있을 때도 문제없이 행복하게 살았으니까요. 이런 자가이식, 자기 똥이식의 완성을 위해 해결하여야 하는 문제는 다음과 같습니다.

균형이론: 균형점은? 언제 싼 똥이 건강한 똥인가?

글자 그대로 내 똥이지만 언제 싼 똥이 건강한 똥이냐 하는 문제입니다. 우리가 장내 미생물의 균형과 건강을 이야기할 때 한 가지 더 고려할 사항이 있습니다. 장내 미생물도 균총의 이루고 항상성을 유지하는 것이 건강한 상태라고 이야기하였습니다. 장내 미생물과 그들이 거주하고 있는 인간에 대해 이야기할 때 항상 명심하여야 할 것은 이들 두 생명체가 상호 영향을 주는 존재라는 것입니다.

장내 미생물은 주어진 환경에서 서로 경쟁하고 그 환경에 적응한 녀석들만 살아남게 됩니다. 진화론의 자연선택설은 우리 뱃속에도 적용됩니다. 사실 우리 건강이 어떠한 상태였건 장내 미생물은 늘 존재해왔습니다. 건강상태가 갑자기 크게 변하지 않으면, 그 상태에 맞는 장내 미생물 균총을 이루게 되고 그 장내 미생물 집단의 항상성을 유지하게 됩니다. 항상성이 유지되는 것은 그 상황에서의 최선의 건강상태입니다. 따라서 장내 미생물의 항상성이 유지된다고 해서 사람의 삶 전체를 관통하는 최선의 집단은 아닐 가능성이 항상 존재합니다.

최선의 똥을 찾으려면 건강하다고 생각할 때의 똥을 계속 모으면 됩니다. 하! 건강을 위하여 개인의 똥을 모아 저장하는 시대가 열리고 있습니다.

| 그러면 어떻게 하라고? |

사실 개인의 똥을 계속 모아 저장하는 것은 현실성이 떨어집니다. 각 개인의 집에 저장 시설이 있어서 계속 모아 저장한다면 모를까, 그것도 어디 그로테스크한 만화 같은 이야기 같습니다. 하지만 인체 유래물을 모아 저장하는 사업은 실제로도 존재합니다. 정자, 난자, 혈액을 저장하는 것은 이미 존재하고 있습니다. 단지 보편적으로 적용되지는 않고 실험적으로 혹은 일부 계층을 위하여 존재합니다. 그렇다면 보편적으로 접근하는 방법은 없을까요?

아마 가장 보편적인 방법은 의외로 미생물을 조제(microbial formulation)하는 방법일 것입니다. 한번 라이브러리가 만들어지면 계속해서 재생산할 수 있으니까요. 하지만 조금 더 사고의 폭을 넓혀보면 또 다른 방법이 보입니다. 인위적으로 미생물에게 영향을 주는 외부의 요인을 이용하여 장내 미생물 균총을 조절하는 것입니다.

우리는 이미 특정 미생물만을 선택적으로 증폭시키는 연구를 진행하고 있습니다. 유산균을 대상으로요. 기능적인 면에서 유산균은 프로바이오틱스(probiotics)라는 다른 이름을 가지고 있습니다. 그리고 그 프로바이오틱스(probiotics)가 장에서 정착해서 잘 자랄 수 있게 도와주고, 더불어 선택적으로 잘 자랄 수 있게 도와주는 물질을 프리바이오틱스(prebiotics)라 합니다. 프리바이오틱스(prebiotics) 연구는 유산균을 대상으로 오래전부터 상당히 진전되어 왔습니다. 요즘 분유에는 GOS나 FOS가 거의 들어있습니다.

GOS(galactooligosaccharide)는 갈락토스(galactose)로, FOS(fructooligosaccharide)는 과

당(fructose)으로 이루어진 올리고당(oligosaccharide)으로 대표적인 프리바이오틱스입니다. 이제 유산균을 넘어서 장내 미생물 전체로 개념을 확장하면 됩니다. 장내 미생물 조성을 바꿀 수 있는 물질, 우리가 원하는 특정 장내 미생물을 증폭시킬 수 있는 물질을 섭취하면 동일한 효과를 얻을 수 있습니다. 프리바이오틱스가 장내 균총 조절자(intestinal microbiome modulator)로 확장되는 것입니다.

식이섬유는 셀룰로스(cellulose)로 이루어진 물질로, 셀룰로스를 분해할 수 있는 능력이 있는 미생물만 선택적으로 증폭시킬 수 있습니다. *Bacteroides* sp. 같은 경우 이러한 능력이 있어서 식이섬유가 몰려 들어가면 다른 장내 미생물과 비교했을 때 우월한 성장환경을 가질 수 있습니다. 앞서 이야기하였듯이 적게 먹으면서 채소를 많이 섭취하는 사람들은 장내 미생물로 *Bacteroides* sp.가 많이 나오는 것을 확인하였습니다. 만일 *A. muciniphila*의 증폭을 원한다면, *A. muciniphila*가 가지고 있는 독특한 능력을 이용하면 됩니다.

점액질(뮤신: mucin)을 분해하여 에너지원으로 이용할 수 있는 능력을 이용하는 것은 좋은 방법입니다. 뮤신이 가지고 있는 O-glycan과 유사한 올리고당을 넣어주면 좋아하고 아주 잘 자랄 겁니다.

우리가 해결해야 하는 문제는 아직 선택적으로 미생물을 증폭할 수 있는 물질을 다양하게 가지지 못하다는 점입니다. GOS나 FOS의 선택적 미생물 증폭 효과와 영양학적 문제점은 여기서는 논외로 하겠습니다. 우리가 지금 가지고 있는 것은 식이섬유와 GOS나 FOS를 포함하고도 몇 가지 되지 않습니다.

최근에는 모유에 존재하는 모유 올리고당이 규명되어 큰 희망을 주고 있습니다. 모유올리고당은 장내 미생물 중 *B. infantis*와 *B. bifidum* 같은 *Bifidobacterium* sp.만을 선택적으로 증폭할 수 있게 되었습니다. 모유 올리고당은 뮤신에 붙어 있는 O-glycan과 유사한 구조로 되어 있어서 *Bacteroides* sp.와 A. *muciniphila*의 좋은 먹이가 될 수 있습니다. 하지만 아직 모자랍니다. 우리는 아직 장내 미생물을 다 알지 못합니다. 그리고 그것들을 조절할 수 있는 조절자(modulator)도 충분하지 못합니다.

많은 데이터를 가지고 있으면 가지고 있을수록 개인의 특성에 맞추어 현재의 건강상태를 반영하고, 장내 미생물 균형을 고려하여 우리가 원하는 방향으로 미생물 균총을 바꿀 수 있을지도 모릅니다. 침습적 병원성 미생물은 백신을 이용하여 예방하고, 항생제로 잡으면 됩니다. 우리 몸에, 우리 소화기에 거주하는 녀석들은 미생물 균총 조절자를 이용하여 그 균형을 조절하면 됩니다.

아마 우리는 미생물 균총을 조절할 수 있는 물질은 이미 많이 가지고 있을지도 모릅니다. 인류의 탄생 이후 인간들은 계속 무엇인가를 먹고 기록하여 왔기 때문입니다. 예로부터 건강을 유지하려면 세 가지가 잘 되면 된다고 하였습니다. '잘 먹고', '잘 자고', '잘 싸고'입니다. 일단 '잘' 한다는 것에는 늘 일정하게 한다는 의미가 있습니다. 먹고, 자고, 싸고 하는 것은 인간의 가장 기본 생존 행위이며 늘 하는 것입니다. 이를 일정한 시간에 일정한 간격으로 행한다는 것은 삶의 생물학적인 모습에 항상성을 부여하는 것으로 생각합니다. 더불어 '잘 먹는다'에는 고기 같은 것을 먹는 것이 아니라 필요한 것, 대사성 영양물질, 기능성 영양물질과 더불어 적절한 장내 미생물 균총을 유지하는 데 필요한 조절자(modulator)를 섭취한다는 의미일 것입니다. 잘 사는 것도 역시 장내 미생물 균총이 안정된 항상성을 유지하고 있는 것을 포함한 것입니다. 우리는 우리의 삶에 해답이 있을지 모릅니다. 이제 열심히 찾아 연구하기만 하면 됩니다.

모유 올리고당(Human Milk Oligosaccharides, HMO): 우리 인류의 젖에는 올리고당(oligosaccharide)이 존재합니다. 인간의 진화과정 중 인간과 유전학적으로 가장 가까운 유인원과 인간의 차이를 가져오는 것이 몇 가지 있습니다. 그중 하나가 이 모유올리고당(human milk oligosaccharides: HMO)의 존재입니다. 모든 포유류는 젖(milk)을 생산합니다만 인간만이 유일하게 풍부한 올리고당을 함유하고 있습니다. 인간의 모유에는 10 g/L에서 20 g/L 정도의 올리고당이 존재하는데, 이는 모유의 단백질에 육박하는 양입니다.

모유올리고당은 육탄당(hexose), 육탄당 아민(hexoseamine), 퓨코스(fucose), 시알산(sialic acid)으로 이루어져 있고, 약 150종 이상의 서로 다른 올리고당이 존재합니다. 우유(cow milk)만 하더라도 올리고당의 양이 1 g/L 이하이고, 종류도 10종이 안 됩니다. 유인원들도 마찬가지입니다. 개인 차이들이 있지만 모유올리고당의 50~70%는 퓨코스(fucose)를 가지고 있는 올리고당입니다. 우유의 올리고당은 그 양이 모유의 1/10밖에 되지 않고, 그중 50%는 유당(lactose)에 시알산이 붙어 있는 3’-sialyllactose(3’-SL)입니다. 인간의 모유는 유당(lactose)에 푸코스가 붙어 있는 2’-fucosyllactose(2’-FL)와 3’-fucosyllactose(3’-FL)가 모유올리고당 중 가장 풍부하게 존재하고, 3’-SL은 소량만이 존재합니다.

모유올리고당은 *Bifidobacteria* sp., *Bacteroides* sp., A. *municiphalis* 등이 선택적으로 사용할 수 있어서 유망한 장내 미생물 균총의 조절자로 관심을 끌고 있습니다. HMO도 복잡한 구조 때문에 화학합성이 쉽지 않고 대량생산은 경제적 타당성이 없습니다. 하지만 엄마의 젖에만 존재하는 2’-FL을 비롯한 일부 HMO도 이제 페니실린의 생산과 같이 ‘말 잘 듣는 놈’을 이용하여 상업적으로 이용하기 시작하였습니다.

글을 마치며

"아, 요즘 분위기가 왜 이러지?", "이 땅의 수호신 님들 분위기도 어수선하고, 뭔가 심기가 사나우신 것 같아", "때때로 좀 과민반응을 보이시는 것 같기도 해", "저기 위쪽 동네 애들이 뭔가 좀 이상해, 거기 원래 못 사는 곳인데 들어와서 사는 놈들이 땅을 다 파헤치고 난리라고 하더라고", "안되는데…… 점점 그렇게 다 파해치면 천재지변이 일어난다고 알려져 왔는데……"

……

"하아~하아, 겨우 살았어 엊그제는 지옥이었어, 지진에 해일에 다 휩쓸려 가고", "이 땅의 수호자님들이 화나셨나봐", "맞아! 윗동네 애들 때문인가봐 이야기 좀 해봐", "그래도 우리는 얼마나 오래 여기서 살아왔는데, 우리는 이 땅을 잘 가꾸고, 수호자님들은 우리를 벌하지 않고 잘 살아왔잖아", "윗동네 애들이 심하게 문제를 일으키나봐, 다 여기저기 엉망진창으로 파헤치고, 그러면 안된다고 계속 경고하는데도 말이야", "일단 그 놈들 내려올 것 같으면, 우리는 여기서 잘 버티고 자리를 잡지 못하게 하자고, 그게 수호자님들을 도와주는 거지"

……

"아악! 살려줘!", "아가~", "으악! 몸이 녹아……", "하늘에서 뭐가 떨어지는 거야? 아악~ 살려줘~", "다 죽었어", "누구 살아 있는 사람 없어?"

"헉! 이거 뭐야? 땅이 무너지고 있어, 흔들려서 붙어 있지 못하겠어", "아아…… 저기 몰려 오는 거 해일이지? 아…… 이제 종말인가……"

……

"으~음, 여보세요? 누구 없어요? …… 다 죽었어, 전부 다 어떻게 하지?"

……

"헉! 누구세요?", "응, 너를 도와주려고 저기 멀리서 왔어, 여기를 다시 생명이 넘치는 평화로운 곳으로 같이 만들어 보자"

세계 종말과 지구 침공과 같은 시간대에 나는……

"선생님, 저 속이 더부룩하고 기끔 쓰리고 설사기 니기도 합니다. 위 내시경 한 번 해볼까요?", "그러시죠"

"아, 가벼운 위염입니다. 그것보다 위에서 *Helicobacter pylori* 양성 반응이 나왔네요. *H. pylori*는 위벽으로 침입하여 위염을 일으키고 심하면 위궤양에 위암의 원인까지 될 수도 있습니다. 약 드시죠?"

"아~ 그렇군요. 잘 알고 있습니다. 나쁜 놈들이 내 몸에 진을 치고 앉아 있군요. 그러면 항생제를 일주일 동안 먹어야 하나요?", "네, Amoxicillin과 clarithromycin 복합처방을 아침, 저녁으로 드시면 됩니다"

"약이 강하네요. 장을 자극하고 설사 꽤나 하겠는데요. 장내 미생물이 완전히 거의 다 죽고 싹 씻겨 나가겠네요. 유산균 발효유 같이 챙겨 먹어야겠어요"

"식이 섬유 풍부한 음식도 잘 챙겨 드시는 것 잊지 마세요. 그래야 좋은 균들이 잘 자랍니다"

추석 바로 전에 위 내시경을 하였습니다. 장내 미생물에 관한 이책을 쓰고 있는 시점에 제 뱃속에 있는 장내 미생물에게는 맛있는 추석 차례상 대신 폭탄을 날려 초토화시키고 있다니 뭔가 좀 안 맞는 것 같죠? 이거, 좀 미안하네요. 사이 좋게 지내야 하는데 말이에요. 뱃속에 있는 녀석들, 세계 종말이 온 줄 알겠습니다. 뱃속에 모아 놓은 숙변까지 싹 다 제거되는 기분입니다. 요즘 지구 온난화로 인한 세계 멸망 이야기와 비슷하지 않나요? 아니면 공룡이 순식간에 소멸된 지구 대멸종과 유사한 상황 같기도 합니다. 어찌 되었건, 이번에 자리잡는 녀석들은 좋은 녀석들이어야 하고, 같이 잘 지내야 할텐데요.